Miracle A. Atianashie

Aplicação de (CNNs) no monitoramento de plantações de cacau

Miracle A. Atianashie

Aplicação de (CNNs) no monitoramento de plantações de cacau

CNN no controlo das plantações de cacau

ScienciaScripts

Imprint
Any brand names and product names mentioned in this book are subject to trademark, brand or patent protection and are trademarks or registered trademarks of their respective holders. The use of brand names, product names, common names, trade names, product descriptions etc. even without a particular marking in this work is in no way to be construed to mean that such names may be regarded as unrestricted in respect of trademark and brand protection legislation and could thus be used by anyone.

Cover image: www.ingimage.com

This book is a translation from the original published under ISBN 978-620-7-46132-5.

Publisher:
Sciencia Scripts
is a trademark of
Dodo Books Indian Ocean Ltd. and OmniScriptum S.R.L publishing group

120 High Road, East Finchley, London, N2 9ED, United Kingdom
Str. Armeneasca 28/1, office 1, Chisinau MD-2012, Republic of Moldova, Europe
Printed at: see last page
ISBN: 978-620-8-28543-2

Aplicação de Redes Neurais Convolucionais (CNNs) no Monitoramento de Plantações de Cacau

Miracle A. Atianashie

abril de 2024

Agradecimento

Agradeço profundamente a todos os que contribuíram para o sucesso deste projeto sobre a Aplicação das CNN na Monitorização das Plantações de Cacau. Os meus agradecimentos especiais vão para os peritos agrícolas e gestores de plantações de cacau pelas suas inestimáveis opiniões, que enriqueceram muito esta investigação. Estou também imensamente grato pelo apoio dos meus mentores académicos, Prof. Daniel Obeng-Ofori, Prof. Kwadwo Adinkrah-Appiah, Rev. Fr. Prof. Peter N. Amponsah, Rev. Fr. Dr. Augustine Owusu Addo e Rev. Fr. Dr. Dedo Williams Johannes Yao, cuja orientação e crítica construtiva foram indispensáveis. Por último, o meu sincero agradecimento à minha família e aos meus amigos pelo seu apoio e encorajamento inabaláveis.

Avançar

Na caminhada para um futuro em que a tradição e a inovação se unem, a integração de tecnologia de ponta com as práticas consagradas pelo tempo da agricultura anuncia uma era transformadora para a cadeia global de abastecimento alimentar, com a indústria do cacau na vanguarda desta revolução. Esta publicação revela uma exploração de vanguarda da aplicação de Redes Neuronais Convolucionais (CNN) para monitorizar as plantações de cacau por Miracle Atianashie A. Um empreendimento que tece de forma nodosa o rico bordado do património agrícola com a fronteira da investigação em inteligência artificial. O cacau, a base do chocolate e de inúmeras outras iguarias, floresce em condições precisas e sensíveis, necessitando de cuidados vigilantes para manter a sustentabilidade do seu cultivo. Os inúmeros desafios com que se confrontam os produtores de cacau e os cientistas, que abrangem o controlo de doenças e a gestão ambiental, são multifacetados e assustadores. No entanto, estes desafios também apresentam uma oportunidade única para uma mudança transformadora através da inovação tecnológica. As CNNs, um ramo pioneiro da inteligência artificial, redefiniram as capacidades das máquinas na compreensão e processamento de dados visuais. Na cultura do cacau, as CNNs oferecem uma capacidade sem paralelo para a vigilância, análise e previsão de factores vitais que influenciam a saúde e a produtividade das culturas de cacau. Desde a deteção precoce de doenças até à avaliação da vitalidade das culturas e ao aperfeiçoamento das técnicas agrícolas, as CNNs anunciam uma nova época de agricultura de precisão, meticulosamente adaptada para satisfazer os requisitos específicos da produção de cacau.

Este livro académico convida a explorar as diversas aplicações das CNNs na monitorização das plantações de cacau, uma área repleta de potencial de inovação e progresso. O livro convida os investigadores, agricultores, tecnólogos e decisores políticos a aproveitarem o poder desta tecnologia, não apenas como um mecanismo para aumentar a produtividade, mas também como um canal para um paradigma de produção de cacau mais sustentável e resiliente. Nos capítulos que se seguem, embarcamos numa viagem que decifra as nuances técnicas das CNNs e a sua aplicação pragmática na esfera agrícola. O livro procura lançar luz sobre os desafios e perspectivas colocados por esta tecnologia, alimentando uma compreensão profunda da sua influência na supervisão das plantações de cacau e no campo mais vasto da agricultura. Ao navegarmos neste território desconhecido, a nossa aspiração é que esta exploração estimule mais investigação, cooperação e inovação na intersecção da tecnologia e da agricultura. A síntese das CNNs com a gestão das plantações de cacau simboliza um passo em frente rumo a um futuro em que a tecnologia actua como um pilar da agricultura sustentável, assegurando a continuidade e a prosperidade do sector do cacau para as gerações futuras. Aprofundamos as capacidades das CNNs, destacando o seu papel fundamental no avanço dos princípios da agricultura de precisão nas plantações de cacau. Esta narrativa examina a forma como estas redes neuronais sofisticadas podem ser aproveitadas para lidar com preocupações prementes, como infestações de pragas, degradação do solo e as ramificações das alterações climáticas, que representam riscos iminentes para a sustentabilidade do cacau. Ao utilizar imagens de satélite de alta resolução e fotografias tiradas por drones, as CNNs podem fornecer informações complexas sobre a saúde das culturas e a dinâmica ambiental, facilitando intervenções precisas que reduzem o desperdício e aumentam a eficiência da utilização dos recursos. Este avanço tecnológico significa um progresso nas metodologias agrícolas e uma dedicação à preservação do ambiente e à melhoria da vida dos produtores de cacau em todo o mundo. O presente documento prepara o terreno para uma revisão exaustiva das implementações práticas, obstáculos e trajectórias futuras das CNNs na monitorização das plantações de cacau, com o objetivo de motivar uma nova vaga de tecnólogos e agricultores a criar soluções sustentáveis.

Este livro é considerado um recurso académico essencial para os indivíduos que pretendem compreender a fundo o nexo entre a agricultura e a tecnologia. É uma ilustração convincente de como a inovação pode enfrentar e superar os desafios prementes da nossa era. O livro fornece informações profundas a um público académico e a um público mais vasto interessado em avanços sustentáveis. Foi concebido para ter um valor significativo para estudantes, educadores, investigadores e profissionais nos domínios da agricultura, tecnologia, ciências ambientais e elaboração de políticas. Ao mergulhar neste livro, os leitores são convidados a expandir os seus conhecimentos e a motivarem-se para alcançar um futuro sustentável.

Professor Eric Yirenkyi Danquah
Professor de Genética Vegetal, Departamento de Ciência das Culturas, Faculdade de Ciências Básicas e Aplicadas, Universidade do Gana.
Correio eletrónico: edanquah@wacci.ug.edu.gh, Twitter: @edanquah240
16 de fevereiro de 2024

Prefácio

Este livro explora o uso inovador de Redes Neurais Convolucionais (CNNs) para monitorar e gerenciar plantações de cacau. Esta abordagem aproveita o poder da aprendizagem profunda para analisar imagens aéreas de campos de cacau, permitindo a identificação de vários factores críticos para a saúde e produtividade das plantas de cacau. Ao empregar CNNs, o livro detalha como esta tecnologia pode detetar doenças, pragas e deficiências nutricionais em plantas de cacau com mais precisão e eficiência do que os métodos tradicionais. O livro destaca a importância do cacau como cultura, tanto económica como culturalmente, em vários países do mundo. Sublinha os desafios dos produtores de cacau, incluindo a gestão de doenças, os impactos das alterações climáticas e a necessidade de práticas agrícolas sustentáveis. A utilização de CNNs na monitorização das plantações é apresentada como uma solução que pode ajudar a enfrentar estes desafios, fornecendo dados detalhados e em tempo real sobre o estado das culturas. Estes dados permitem que os agricultores tomem decisões informadas sobre o cuidado e a gestão das suas plantações, conduzindo potencialmente a maiores rendimentos, cacau de melhor qualidade e práticas agrícolas mais respeitadoras do ambiente.

Além disso, o livro aborda os aspectos técnicos da implementação das CNN, incluindo a recolha de dados, a formação de modelos e a interpretação dos resultados. Explica como os drones ou satélites podem captar imagens de alta resolução de plantações de cacau, que são depois processadas utilizando algoritmos de CNN para reconhecer caraterísticas específicas indicativas de saúde ou stress das plantas. A capacidade das CNN para aprender com grandes quantidades de dados e melhorar ao longo do tempo é salientada como uma vantagem crítica, permitindo o aperfeiçoamento contínuo das técnicas de monitorização. Os benefícios potenciais da monitorização de plantações baseada em CNN são vastos. Oferece aos agricultores uma forma de reduzir as perdas devidas a pragas e doenças, otimizar recursos como a água e os fertilizantes e aumentar a produtividade das culturas. A indústria do cacau promete uma cadeia de fornecimento mais estável e sustentável, o que pode levar a produtos de melhor qualidade para os consumidores. Além disso, o impacto ambiental da cultura do cacau pode ser atenuado através de intervenções mais precisas, reduzindo a necessidade de tratamentos químicos de largo espetro e promovendo a conservação dos ecossistemas naturais.

O livro também aborda os desafios da implementação de uma tecnologia tão avançada no sector agrícola, incluindo a necessidade de conhecimentos técnicos, o custo do equipamento e a importância de desenvolver modelos adaptados às condições específicas de cada plantação. Apela à colaboração entre investigadores, criadores de tecnologia, agricultores e partes interessadas da indústria para ultrapassar estes desafios e realizar plenamente o potencial das CNN na monitorização das plantações de cacau. CNN Applications in Cocoa Plantation Monitoring apresenta um caso convincente para a adoção de tecnologias de aprendizagem profunda na agricultura. Ao aproveitar o poder das CNNs, os produtores de cacau e a indústria podem melhorar as práticas de gestão das culturas, aumentar a produtividade e contribuir para a sustentabilidade da cultura do cacau. Esta abordagem inovadora representa um avanço significativo na aplicação da inteligência artificial na agricultura, oferecendo soluções promissoras para alguns dos desafios mais prementes que a indústria do cacau enfrenta atualmente.

Miracle A. Atianashie

18 de abril de 2024

Índice

CAPÍTULO 1

Introdução à plantação de cacau Desafios e CNN

Este capítulo fornece uma visão abrangente dos desafios da produção de cacau, incluindo questões ambientais, económicas e sociais, e apresenta as Redes Neuronais Convolucionais (CNNs) como uma solução transformadora. O capítulo aborda os conceitos básicos da produção de cacau, a sua importância no mercado global, os países produtores centrais e os seus papéis. O capítulo explora ainda os desafios na gestão das plantações de cacau e introduz os princípios básicos das CNNs, mostrando o seu potencial na agricultura através de exemplos de casos e aplicações alargadas.

Panorama da produção de cacau

O cacau, o principal ingrediente do chocolate, é um dos produtos mais apreciados do mundo, oferecendo uma rica tapeçaria de sabor e história. A sua produção é uma atividade económica fundamental em vários países tropicais, onde as condições climáticas são ideais para o cultivo do cacaueiro. O processo de produção do cacau envolve várias etapas, desde a plantação e cultivo dos cacaueiros, a colheita das vagens, a fermentação e secagem dos grãos e, finalmente, a sua transformação em produtos de cacau. Esta expedição, da árvore ao produto, é complexa e enfrenta numerosos desafios, incluindo questões ambientais, económicas e sociais.

Plantação e cultivo: O cultivo do cacau começa com a plantação de árvores de cacau nativas da bacia amazónica, que se espalharam por todo o mundo em climas adequados. Estas árvores desenvolvem-se em ambientes quentes e chuvosos, normalmente a menos de 20 graus da linha do Equador. Os produtores de cacau selecionam cuidadosamente as variedades mais adequadas à sua região, tendo em conta factores como a resistência a pragas e doenças locais, o potencial de rendimento e a qualidade dos grãos. Os cacaueiros são frequentemente plantados à sombra de árvores mais altas para imitar o dossel natural da floresta tropical, que os protege da luz solar direta e ajuda a manter a humidade do solo (Tavani, 2009). Esta fase é crucial, pois estabelece as bases para a saúde e a produtividade da plantação de cacau.

Colheita: A colheita das vagens de cacau é um processo de trabalho intensivo que requer perícia e precisão. Os trabalhadores utilizam catanas para cortar as vagens maduras das árvores, tendo o cuidado de não danificar os ramos da árvore, que produzirão colheitas futuras. O momento da colheita é crítico; as vagens devem ser colhidas no pico da maturação para garantir a melhor qualidade dos feijões. Cada vagem contém 20 a 50 grãos, rodeados por um revestimento doce e polposo que desempenha um papel na fermentação. A natureza manual da colheita reflecte as práticas tradicionais da cultura do cacau, que foram transmitidas de geração em geração.

Fermentação e secagem: As amêndoas de cacau são submetidas a uma fermentação após a colheita, uma etapa crítica que desenvolve o perfil de sabor das amêndoas. As amêndoas, ainda envoltas no seu revestimento polposo, são empilhadas em montes, caixas ou tabuleiros e deixadas a fermentar durante vários dias. Durante a fermentação, a polpa liquefaz-se e as leveduras e bactérias naturais transformam os açúcares em ácidos, aquecendo o feijão e alterando a sua composição química. Este processo reduz o amargor e realça o sabor a chocolate inerente aos grãos. Após a fermentação, os grãos são estendidos para secar, geralmente ao sol, durante cerca de uma semana. A secagem correta é essencial para evitar o bolor e preparar os grãos para o armazenamento e transporte para os mercados e fabricantes em todo o mundo(Varley-Winter & Shah, 2016).

Processamento: Depois de secas, as sementes de cacau são transportadas para instalações de processamento, onde são limpas, torradas e rachadas para produzir nibs de cacau. Os nibs são depois moídos em massa de cacau, uma pasta que pode ser posteriormente transformada em manteiga de cacau e cacau em pó. Estes componentes são a base de uma vasta gama de produtos de chocolate e cacau, desde barras e rebuçados a bebidas e ingredientes de pastelaria. É na fase de processamento que as caraterísticas únicas das sementes de cacau se transformam nos sabores e texturas apreciados pelos entusiastas do chocolate em todo o mundo.

Esforços de sustentabilidade: Em resposta a estes desafios, a sustentabilidade da produção de cacau tem vindo a merecer uma atenção crescente. As iniciativas que promovem práticas agrícolas sustentáveis, melhoram os meios de subsistência dos agricultores e garantem práticas laborais éticas são cada vez mais comuns. Os sistemas de certificação, como o Comércio Justo e a Rainforest Alliance, permitem aos consumidores apoiar o cacau produzido de forma ética. Ao mesmo tempo, a indústria e os programas governamentais trabalham para fornecer aos agricultores formação, recursos e acesso aos mercados. Estes esforços são cruciais para o futuro da produção de cacau, procurando garantir que esta cultura vital possa continuar a ser produzida de uma forma ambientalmente sustentável, economicamente viável e socialmente responsável. A complexidade da produção de cacau, desde a plantação inicial de uma árvore de cacau até à criação de produtos de chocolate, sublinha a necessidade de uma abordagem holística para enfrentar os desafios desta indústria. Através da colaboração e da inovação, o objetivo de uma cadeia de abastecimento de cacau sustentável, que beneficie tanto os produtores como os consumidores, está ao nosso alcance (Kleizen et al., 2023).

Inovações tecnológicas: A aplicação da tecnologia na produção de cacau apresenta uma oportunidade para melhorar significativamente o rendimento e a qualidade, ao mesmo tempo que aborda os desafios ambientais e sociais. Com base em imagens de satélite, drones e sensores de solo, a agricultura de precisão pode ajudar os agricultores a tomar decisões informadas sobre irrigação, fertilização e controlo de pragas, optimizando a utilização de recursos e reduzindo o impacto ambiental. Além disso, a tecnologia blockchain oferece uma solução promissora para melhorar a rastreabilidade e a transparência na cadeia de abastecimento do cacau, garantindo que os consumidores possam verificar a origem ética dos seus produtos de chocolate. Estas ferramentas tecnológicas aumentam a produtividade e apoiam a implementação de práticas sustentáveis à escala.

Agricultura inteligente em relação ao clima: Dada a vulnerabilidade da produção de cacau às alterações climáticas, é fundamental adotar práticas agrícolas inteligentes em termos climáticos. Esta abordagem inclui o desenvolvimento de variedades de cacau resistentes à seca, sistemas agro-florestais que aumentam a biodiversidade e a saúde do solo, e práticas que reduzem as emissões de gases com efeito de estufa. Ao integrar as árvores nas culturas de cacau, os agricultores podem criar um ecossistema mais resistente que apoia a biodiversidade e proporciona fontes de rendimento adicionais, como frutos ou madeira. Estas práticas contribuem para atenuar os efeitos das alterações climáticas e aumentar a resistência das comunidades de produtores de cacau aos choques climáticos.

Responsabilidade social e viabilidade económica: Enfrentar os desafios sociais e económicos da indústria do cacau exige um esforço concertado de todas as partes interessadas, incluindo governos, sector privado, ONG e consumidores. É fundamental melhorar os meios de subsistência dos produtores de cacau, o que implica garantir preços justos para as amêndoas de cacau, proporcionar acesso à educação e aos cuidados de saúde e investir em projectos de desenvolvimento comunitário. O trabalho infantil continua a ser uma questão premente em algumas zonas produtoras de cacau e a sua erradicação exige a aplicação rigorosa das leis laborais, a par de iniciativas que melhorem as condições económicas das famílias de agricultores, reduzindo a sua dependência do trabalho infantil. Além disso, a diversificação das fontes de rendimento dos produtores de cacau pode reduzir a sua vulnerabilidade às flutuações do mercado e aos impactos climáticos. Isto pode implicar a introdução de outras culturas para venda ou consumo ou o desenvolvimento de actividades alternativas geradoras de rendimento, como o ecoturismo ou o artesanato (Stahl et al., 2023).

Sensibilização e procura por parte dos consumidores: O papel dos consumidores na promoção da produção sustentável de cacau não pode ser subestimado. À medida que aumenta a consciencialização sobre as implicações ambientais e sociais da produção de cacau, os consumidores procuram cada vez mais chocolate produzido de forma sustentável. Esta procura incentiva as empresas a investirem em fontes éticas e a adoptarem sistemas de certificação que garantam práticas laborais justas e uma gestão ambiental responsável. A defesa dos consumidores e o poder de compra são factores críticos para as mudanças em toda a indústria no sentido de práticas mais sustentáveis e éticas.

Fortalecimento das Cooperativas e Organizações de Agricultores: Capacitar os agricultores através de cooperativas e organizações é um passo crucial para a sustentabilidade. Estes grupos podem proporcionar aos agricultores um melhor acesso a recursos, formação e mercados, permitindo-lhes obter maiores rendimentos, melhorar a qualidade do feijão e assegurar melhores preços. Trabalhando em conjunto, os agricultores podem também ter uma voz mais forte nas negociações com os compradores e uma maior influência nas discussões políticas. O reforço destas organizações é fundamental para aumentar a resistência económica das comunidades agrícolas e garantir que os benefícios da produção de cacau são distribuídos de forma mais equitativa.

Expansão dos Programas de Certificação Sustentável: Os programas de certificação sustentável como o Fair Trade, Rainforest Alliance e UTZ têm desempenhado um papel fundamental na promoção de melhores práticas laborais e de gestão ambiental na indústria do cacau. A expansão destes programas e o aumento da procura de produtos certificados podem incentivar mais agricultores a adotar práticas sustentáveis. No entanto, para que a certificação seja verdadeiramente eficaz, deve ser acompanhada de esforços para aumentar a sensibilização dos consumidores e a vontade de pagar um prémio por chocolate produzido de forma sustentável. Para além disso, os organismos de certificação devem garantir que as suas normas se mantêm rigorosas e que o processo de certificação é acessível mesmo aos pequenos agricultores.

Alavancar a pesquisa e o desenvolvimento: O investimento em investigação e desenvolvimento é essencial para enfrentar os desafios biológicos e ambientais da produção de cacau. O desenvolvimento de variedades de cacau resistentes a doenças e adaptadas ao clima pode reduzir significativamente a vulnerabilidade da cultura do cacau a pragas, doenças e alterações climáticas. A investigação de técnicas agrícolas mais eficientes e de estratégias sustentáveis de gestão de pragas e doenças também pode ajudar a aumentar a produtividade, minimizando o impacto ambiental. A colaboração entre instituições de investigação, governos e o sector privado impulsiona a inovação e divulga novas tecnologias e práticas aos agricultores.

Fomento de Parcerias Público-Privadas: As parcerias público-privadas podem ser um mecanismo poderoso para impulsionar o desenvolvimento sustentável na indústria do cacau. Ao reunir recursos e conhecimentos, os governos, os actores da indústria, as ONGs e as comunidades podem implementar programas de grande escala que abordem os desafios complexos da produção de cacau. Estas parcerias podem centrar-se no desenvolvimento de infra-estruturas, programas de educação e formação, iniciativas de conservação ambiental e serviços sociais e de saúde para as comunidades produtoras de cacau. Parcerias eficazes requerem uma visão partilhada, transparência e um compromisso para alcançar resultados mensuráveis.

Promover a educação e o envolvimento do consumidor: Educar os consumidores sobre as origens do cacau e os desafios da produção é vital para promover a sustentabilidade. Ao compreenderem o impacto das suas decisões de compra, os consumidores podem impulsionar a procura de chocolate produzido de forma ética. As campanhas e iniciativas que destacam as histórias dos produtores de cacau e os esforços que estão a ser feitos no sentido da sustentabilidade podem promover uma ligação mais profunda entre os consumidores e as comunidades por detrás da produção de cacau. Envolver os consumidores através da narração de histórias, da transparência e do envolvimento direto em iniciativas de sustentabilidade pode ampliar o impacto da defesa do consumidor na indústria do cacau.

O caminho a seguir: O caminho para uma indústria de cacau sustentável é complexo e requer uma estratégia multifacetada que aborde os desafios ambientais, sociais e económicos. A integração de tecnologia, práticas agrícolas sustentáveis e um compromisso com a responsabilidade social são componentes críticos desta estratégia. Trabalhando em colaboração, todos os intervenientes na cadeia de abastecimento do cacau podem contribuir para um futuro em que a produção de cacau seja rentável, responsável e sustentável. Garantir a sustentabilidade a longo prazo da indústria do cacau é essencial para os milhões de pequenos agricultores que dela dependem para a sua subsistência, para a economia global e para que os consumidores continuem a apreciar o chocolate em todo o mundo (Govindan, 2023).

Importância no mercado global
Como pedra angular da economia agrícola mundial, o cacau desempenha um papel fundamental na indústria de confeitaria. É um motor económico fundamental para muitas nações em desenvolvimento nas regiões equatoriais e é ideal para o cultivo. A importância

global desta cultura é sublinhada pela sua contribuição para a subsistência de milhões de pequenos agricultores, a estabilidade económica dos países produtores e a crescente procura mundial de produtos de chocolate. A interação entre a dinâmica agrícola do cacau e as forças do mercado global realça a necessidade crítica de práticas de produção sustentáveis para assegurar a viabilidade da cultura a longo prazo e o bem-estar daqueles que dela dependem (Adam, 2001).

Impacto económico e apoio aos meios de subsistência

A produção de cacau é a principal fonte de rendimento de milhões de pequenos agricultores em países como a Costa do Marfim, o Gana, a Indonésia, o Equador e o Brasil. Estes agricultores e as suas comunidades dependem fortemente do rendimento gerado pelo cacau para sustentar as suas famílias, investir na educação e aceder a serviços de saúde. O impacto económico do cacau vai além dos agregados familiares individuais, contribuindo significativamente para as economias nacionais destes países produtores através das receitas de exportação (Koko et al., 2013). A dependência do cacau como produto de exportação fundamental torna estas economias particularmente sensíveis às flutuações dos preços mundiais do cacau, que podem ser influenciadas por vários factores, incluindo a procura do mercado, as tensões geopolíticas e as condições climáticas que afectam o rendimento das culturas.

O aumento da procura global

A procura global de chocolate e, por extensão, de cacau, tem tido uma trajetória ascendente, alimentada pelo aumento do consumo nos mercados estabelecidos e nas economias emergentes. medida que o chocolate se torna cada vez mais popular em regiões com rendimentos disponíveis crescentes, a pressão sobre a cadeia de abastecimento do cacau intensifica-se. Este aumento da procura representa uma oportunidade para os países produtores reforçarem as suas economias; no entanto, também levanta desafios relacionados com o aumento da produção de forma sustentável (Padi et al., 2013). Para satisfazer esta procura sem comprometer a integridade ambiental das regiões produtoras de cacau ou os direitos e meios de subsistência dos agricultores, são necessárias abordagens inovadoras e práticas agrícolas sustentáveis.

Práticas de produção sustentáveis

A produção sustentável de cacau implica a implementação de práticas agrícolas ecologicamente corretas, economicamente viáveis e socialmente equitativas. Os sistemas agroflorestais, que integram cacaueiros com outras espécies vegetais, incluindo árvores de sombra e culturas alimentares, oferecem uma forma de aumentar a biodiversidade, melhorar a saúde do solo e aumentar o rendimento das culturas. Estes sistemas podem também proporcionar aos agricultores fontes de rendimento adicionais, reduzindo a sua vulnerabilidade à volatilidade dos preços do cacau (Gopaulchan et al., 2019). Além disso, a adoção de práticas agrícolas orgânicas certificadas e a utilização de variedades de cacau resistentes a doenças podem melhorar os rendimentos e reduzir o impacto ambiental do cultivo do cacau, incluindo a necessidade de insumos químicos.

Enfrentar os desafios sociais

Os desafios sociais associados à produção de cacau, como o trabalho infantil e a compensação inadequada para os agricultores, são questões críticas que a indústria global do cacau deve resolver. As iniciativas que garantem o comércio justo e as práticas de abastecimento ético são vitais para melhorar os meios de subsistência dos produtores de cacau e das suas comunidades (Granados & Pinto, 2019). Os programas que oferecem apoio direto aos agricultores, incluindo formação em técnicas agrícolas sustentáveis, acesso a materiais de plantação de melhor qualidade e melhor acesso ao mercado, são essenciais para capacitar os agricultores e permitir-lhes garantir um preço justo pelo seu cacau.

Esforços de colaboração para um futuro sustentável

O caminho para uma indústria de cacau sustentável requer a colaboração de vários intervenientes, incluindo governos, o sector privado, organizações não governamentais e consumidores. Ao trabalharem em conjunto, estas partes interessadas podem desenvolver estratégias abrangentes para aumentar a sustentabilidade da produção de cacau, assegurando que esta pode satisfazer a procura atual e futura sem esgotar os recursos naturais ou explorar a mão de obra. A consciencialização dos consumidores e a procura de chocolate produzido de forma sustentável e de origem ética impulsionam mudanças em todo o sector (López et al., 2021). Através de esforços concertados, a comunidade global pode garantir que o cacau continua a ser uma fonte de prosperidade económica para os países produtores, salvaguardando as condições ambientais e sociais em que é cultivado. A importância global do cacau vai para além do seu papel na produção de chocolate, abrangendo aspectos cruciais do desenvolvimento económico, da sustentabilidade ambiental e da responsabilidade social. À medida que a indústria avança, a ênfase nas práticas sustentáveis e no abastecimento ético será fundamental para garantir o futuro da produção de cacau e das gerações de agricultores que o cultivam.

Principais países produtores e respectivos papéis

A indústria global do cacau, fundamental para a produção de chocolate, é sustentada pelos esforços de vários países produtores chave, cada um deles enfrentando desafios e oportunidades únicas na sua tentativa de abastecer o mundo com este bem tão apreciado. Entre estes, a Costa do Marfim e o Gana, na África Ocidental, o Equador e o Brasil, na América Latina, e a Indonésia, no Sudeste Asiático, destacam-se devido às suas contribuições significativas para a produção mundial de cacau, variedades de cacau únicas e desafios distintos.

Costa do Marfim e Gana: a enfrentar a volatilidade do mercado e os desafios da sustentabilidade

A Costa do Marfim e o Gana estão na vanguarda da produção mundial de cacau, contribuindo com mais de 60% da oferta mundial. Este papel significativo no mercado do cacau sublinha a importância vital do cacau para as suas economias, apoiando milhões de meios de subsistência e representando uma parte substancial das suas receitas de exportação. No entanto, esta forte dependência de um único produto de base torna estas nações particularmente vulneráveis às flutuações do mercado mundial. A volatilidade dos preços pode afetar drasticamente o rendimento dos agricultores, criando ciclos de expansão e recessão que põem em causa a estabilidade económica e a segurança alimentar nestas regiões (Padi & Ofori, 2016). Além disso, as questões de sustentabilidade apresentam obstáculos significativos. A desflorestação, consequência da expansão das explorações de cacau para zonas florestais, ameaça gravemente os ecossistemas locais e a biodiversidade global. A prática contribui para as alterações climáticas e põe em perigo a viabilidade a longo prazo da própria cultura do cacau, uma vez que a existência de ecossistemas saudáveis é crucial para manter as condições climáticas em que as árvores de cacau se desenvolvem. Os desafios sociais, incluindo o trabalho infantil e os rendimentos inadequados dos agricultores, continuam a ser questões persistentes que prejudicam a reputação e a sustentabilidade do sector (Martínez & Pachón, 2021). Os esforços para combater estes problemas incluem iniciativas lideradas pelo governo, parcerias internacionais que promovem práticas agrícolas sustentáveis e programas concebidos para aumentar os rendimentos dos agricultores através da melhoria da produtividade e do acesso aos mercados globais.

Equador e Brasil: Pioneirismo em qualidade e diversificação

O Equador e o Brasil diferenciaram-se na indústria mundial do cacau ao produzirem variedades de alta qualidade e de sabor fino. O cacau Arriba do Equador, em particular, é apreciado pelo seu perfil de sabor único, obtendo preços de topo no mercado internacional. Este enfoque na qualidade permite aos agricultores destes países obterem preços mais elevados pelo seu cacau, constituindo uma alternativa às estratégias orientadas para o volume prevalecentes noutras regiões produtoras. No entanto, a produção de cacau de sabor fino apresenta desafios (Akoa et al., 2021). São necessários processos mais meticulosos de cultivo, colheita e pós-colheita para preservar os sabores delicados das amêndoas. Estes processos exigem mais habilidade e conhecimento dos agricultores e um investimento significativo em infra-estruturas e mecanismos de controlo de qualidade. O Equador e o Brasil investem em investigação e desenvolvimento para aperfeiçoar estes processos e em programas de formação para dotar os seus agricultores das competências necessárias. Além disso, os esforços para diversificar a produção de cacau têm como objetivo estabilizar os rendimentos dos agricultores e reforçar a resiliência dos seus sistemas agrícolas contra as ameaças das alterações climáticas, garantindo a sustentabilidade da sua produção de cacau de alta qualidade.

Indonésia: Enfrentar o envelhecimento das árvores e as doenças

O papel da Indonésia como um importante produtor de cacau é desafiado pela dupla ameaça do envelhecimento das árvores de cacau e de doenças generalizadas, como a broca do cacau. As árvores envelhecidas, que são menos produtivas e mais susceptíveis a doenças, representam um obstáculo significativo à manutenção, e muito menos ao aumento, da produção de cacau. A questão das doenças agrava ainda mais estes desafios, com pragas como a broca do cacaueiro capazes de causar perdas significativas nas colheitas, ameaçando a posição da Indonésia no mercado global do cacau. Para combater estes problemas, a Indonésia iniciou uma estratégia global para revitalizar o seu sector do cacau (Hausrao Thube et al., 2022). Esta estratégia inclui a introdução de variedades de cacau resistentes a doenças, que prometem não só mitigar o impacto das pragas e doenças, mas também aumentar os rendimentos e melhorar a qualidade dos grãos. Estão a ser adoptadas práticas de gestão integrada de pragas para controlar as populações de pragas, minimizando o impacto ambiental dos pesticidas químicos. Além disso, os programas de formação dos agricultores são cruciais para esta estratégia, fornecendo-lhes os conhecimentos e as ferramentas para implementarem eficazmente estas novas práticas. Estas iniciativas são apoiadas tanto pelo governo indonésio como por parceiros internacionais, reflectindo um esforço coletivo para sustentar a produção de cacau do país e assegurar a sua posição no mercado global.

Os desafios enfrentados pelos principais países produtores de cacau, Costa do Marfim, Gana, Equador, Brasil e Indonésia, destacam as complexidades da indústria global do cacau. A abordagem única de cada país para superar os seus desafios específicos reflecte as diversas estratégias necessárias para garantir a sustentabilidade e a rentabilidade da produção de cacau em todo o mundo (Ofori et al., 2015). Desde a abordagem da volatilidade do mercado e da sustentabilidade na África Ocidental até ao enfoque na qualidade e diversificação na América Latina e ao combate aos desafios agrícolas no Sudeste Asiático, estes esforços são cruciais para o futuro da indústria do cacau. À medida que estas nações percorrem os seus respectivos caminhos, o seu sucesso terá profundas implicações para o mercado global de cacau e para a sustentabilidade económica e ambiental da produção de cacau em todo o mundo.

Desafios na gestão das plantações de cacau

A gestão das plantações de cacau está repleta de desafios que podem afetar significativamente a produtividade, a sustentabilidade e a rentabilidade. Estes desafios vão desde ameaças biológicas, como pragas e doenças, e factores ambientais, como as alterações climáticas, a questões socioeconómicas, incluindo a intensidade do trabalho e o custo de produção. A resposta a estes desafios é crucial para a indústria mundial do cacau, que é vital para as economias de muitos países tropicais e para a subsistência de milhões de pequenos agricultores.

Pragas e doenças que afectam as plantas de cacau

As plantas de cacau são susceptíveis a várias pragas e doenças que podem devastar as culturas e reduzir severamente os rendimentos. Duas das doenças mais notórias são a doença da vagem preta, causada pelo fungo Phytophthora, e a doença da vassoura-de-bruxa, causada pelo fungo Moniliophthora perniciosa. Estas doenças desenvolvem-se nos climas húmidos e tropicais onde o cacau é cultivado e podem espalhar-se rapidamente se não forem devidamente controladas. Pragas como a Cocoa Pod Borer e os mirídeos (capsídeos) também ameaçam significativamente a produção de cacau(Ofori et al., 2015). Estes desafios biológicos exigem uma vigilância constante e a implementação de estratégias de gestão integrada de pragas e doenças, que podem incluir variedades resistentes, agentes de controlo biológico e tratamentos químicos adequados. No entanto, a dependência de produtos químicos é cada vez mais vista como insustentável devido ao potencial de danos ambientais e ao surgimento de pragas resistentes e estirpes de doenças.

Desafios climáticos e seu impacto no rendimento

As alterações climáticas representam uma ameaça significativa para a produção de cacau, com a alteração dos padrões de temperatura e precipitação a perturbar potencialmente o delicado equilíbrio necessário para o cultivo do cacau. Os cacaueiros necessitam de um clima estável com precipitação e temperaturas consistentes para produzirem de forma óptima. No entanto, o aumento dos casos de seca, a precipitação irregular e o aumento das temperaturas podem causar stress nas plantas, tornando-as mais susceptíveis a doenças e reduzindo os rendimentos (Ofori et al., 2015). Além disso, fenómenos meteorológicos extremos, como furacões e inundações, podem causar danos diretos às culturas e às infra-estruturas, afectando ainda mais a produção. A adaptação a estes desafios climáticos exige investigação sobre variedades de cacau mais resistentes, melhores práticas agrícolas e, potencialmente, a diversificação de culturas para reduzir a dependência do cacau e aumentar a resiliência das explorações.

Intensidade do trabalho e custo de produção

A produção de cacau é uma atividade de mão de obra intensiva, desde a plantação e tratamento das árvores jovens até à colheita e processamento das vagens de cacau. A natureza de mão de obra intensiva do cultivo do cacau, combinada com a localização rural e muitas vezes remota de muitas explorações de cacau, leva a desafios na atração e retenção de mão de obra. Esta situação é agravada pelos salários geralmente baixos pagos aos trabalhadores agrícolas, que não reflectem as exigências físicas e as competências necessárias para o cultivo e a transformação do cacau. Consequentemente, a cultura do cacau pode ser menos atractiva do que outras oportunidades de emprego agrícola ou não agrícola, levando a uma escassez de mão de obra que prejudica a produção e os esforços para melhorar a sustentabilidade. Além disso, o elevado custo dos factores de produção, como os fertilizantes, os pesticidas e os materiais de plantação melhorados, aumenta o custo de produção, reduzindo as margens de lucro já reduzidas dos pequenos agricultores e dificultando o investimento em práticas sustentáveis (Hausrao Thube et al., 2022).

A resposta a estes desafios exige uma abordagem multifacetada que inclui o desenvolvimento e a disseminação de variedades de cacau melhoradas, o investimento em programas de formação e apoio aos agricultores e a adoção de práticas de gestão agrícola sustentáveis e eficientes. Também é necessária uma distribuição mais justa do valor gerado na cadeia de abastecimento do cacau, garantindo que os agricultores recebam um rendimento que reflicta o seu papel crucial na produção de cacau. Em última análise, a sustentabilidade da indústria do cacau depende da sua capacidade de ultrapassar estes desafios através da inovação, colaboração e um compromisso com a justiça e a gestão ambiental.

Introdução à CNN (Redes Neuronais Convolucionais)

As Redes Neuronais Convolucionais (CNN) são uma classe de algoritmos de aprendizagem profunda que revolucionaram o domínio da visão computacional e do processamento de imagens. Ao imitar a forma como o cérebro humano processa a informação visual, as CNNs alcançaram um sucesso notável no reconhecimento de imagens, classificação e tarefas de deteção de objectos. Compreender os princípios básicos das CNNs, o seu funcionamento e as suas vantagens em relação aos métodos tradicionais de processamento de imagem permite compreender por que razão se tornaram uma pedra angular das aplicações modernas de inteligência artificial (IA).

Princípios básicos das CNNs

As redes neuronais convolucionais (CNN) são uma classe de redes neuronais profundas que são particularmente poderosas e eficientes para o processamento de dados com uma topologia semelhante a uma grelha, como as imagens. As CNNs revolucionaram o campo da visão computacional, fornecendo um mecanismo para aprender e reconhecer padrões em dados visuais automaticamente. Os princípios básicos das CNNs estão enraizados na sua arquitetura e técnicas de processamento únicas, concebidas para imitar a forma como o córtex visual humano interpreta a informação visual. Eis os princípios fundamentais que sustentam as CNNs:

Aprendizagem hierárquica de padrões: As CNNs são estruturadas hierarquicamente, o que lhes permite aprender padrões em vários níveis de complexidade. A rede pode aprender a reconhecer padrões simples, como arestas e cores, nos níveis inferiores. À medida que os dados progridem nas camadas, os padrões tornam-se cada vez mais complexos, permitindo à rede reconhecer objectos ou caraterísticas específicas na imagem. Este processo de aprendizagem hierárquica é crucial para lidar com a complexidade e a variabilidade encontradas nos dados visuais do mundo real (Ofori et al., 2015).

Conectividade local e pesos partilhados: Ao contrário das redes totalmente conectadas, em que cada neurónio está ligado a todos os neurónios da camada anterior, as CNNs utilizam conetividade local. Isto significa que cada neurónio de uma camada convolucional está ligado apenas a uma pequena região de entrada, conhecida como campo recetivo. Esta abordagem reduz significativamente o número de parâmetros, tornando a rede mais eficiente e menos propensa a sobreajustes. Além disso, as CNN utilizam pesos partilhados em toda a extensão espacial da imagem de entrada, o que significa que o mesmo filtro (pesos) é aplicado a diferentes partes da imagem. Este conceito, conhecido como partilha de pesos, permite que a rede detecte a mesma caraterística independentemente da sua localização na imagem, contribuindo para a sua invariância translacional.

Camadas convolucionais: A camada convolucional é o bloco de construção central de uma CNN. Aplica um conjunto de filtros aprendíveis à imagem de entrada. Cada filtro detecta caraterísticas específicas, como arestas ou texturas. A operação de convolução envolve o deslizamento de cada filtro pela imagem de entrada e o cálculo do produto escalar entre o filtro e as regiões locais da entrada, produzindo um mapa de caraterísticas. Este processo permite que a rede capte hierarquias espaciais nos dados.

Funções de ativação: Após a operação de convolução, o mapa de caraterísticas é passado por uma função de ativação não linear, como a Unidade Linear Rectificada (ReLU). A função de ativação introduz não linearidades na rede, permitindo-lhe aprender padrões complexos. A função ReLU tornou-se popular devido à sua eficiência computacional e à sua capacidade de atenuar o problema do gradiente de desaparecimento.

Camadas de pooling: As camadas de agrupamento (ou subamostragem) são intercaladas entre camadas convolucionais para reduzir as dimensões espaciais dos mapas de caraterísticas (largura e altura). A forma mais comum de agrupamento é o agrupamento máximo, que reduz o tamanho dos mapas de caraterísticas tomando o valor máximo de cada sub-região de entrada. O agrupamento ajuda a diminuir a carga computacional, a reduzir o sobreajuste, fornecendo uma forma abstrata da entrada, e a aumentar o campo de visão dos filtros (Ofori et al., 2015).

Camadas totalmente conectadas: Na parte final da arquitetura de uma CNN, uma ou mais camadas totalmente ligadas são normalmente utilizadas para efetuar a classificação com base nas caraterísticas extraídas pelas camadas convolucionais e de pooling. Nestas camadas, os neurónios estão totalmente ligados a todas as activações da camada anterior, como se vê nas redes neuronais tradicionais. A camada final utiliza uma função de ativação softmax para calcular a distribuição de probabilidades sobre as classes-alvo. Estes princípios básicos contribuem coletivamente para as poderosas capacidades de processamento de imagem das CNN, permitindo-lhes alcançar o desempenho mais avançado numa vasta gama de tarefas de visão por computador, desde a classificação de imagens e deteção de objectos até aplicações mais complexas como a geração de imagens e a transferência de estilos.

Inicialização e otimização de pesos: O treinamento eficaz de CNNs também depende de técnicas de inicialização e otimização de peso. A inicialização adequada do peso pode ajudar a evitar os problemas de desaparecimento ou explosão do gradiente, garantindo que a rede aprenda de forma eficiente. Técnicas como a inicialização Xavier/Glorot ou a inicialização Her são normalmente usadas para definir os pesos iniciais da rede para manter a variação das ativações entre as camadas. Para otimização, algoritmos como Stochastic Gradient Descent (SGD), Adam e RMSprop atualizam os pesos da rede durante o treinamento, minimizando a função de perda. Esses otimizadores ajustam a taxa de aprendizado dinamicamente, ajudando a rede a convergir de forma mais rápida e eficaz para uma boa solução.

Técnicas de regularização: As técnicas de regularização são cruciais para evitar o sobreajuste, especialmente dada a elevada capacidade das CNNs e a sua capacidade de aprender padrões complexos. O dropout é um método de regularização amplamente utilizado no qual neurónios selecionados aleatoriamente são ignorados durante o treino, reduzindo a dependência de um único neurónio e encorajando uma representação mais distribuída dos dados. Além disso, os métodos de regularização L1 e L2 adicionam uma penalidade à função de perda com base na magnitude dos pesos, desencorajando pesos grandes e levando a modelos mais simples que generalizam melhor.

Aumento de dados: Outro aspeto essencial do treinamento de CNNs, particularmente para tarefas de processamento de imagens, é o aumento de dados. Esta técnica gera novas amostras de treino aplicando transformações aleatórias (como rotação, dimensionamento, corte e inversão) às imagens existentes. O aumento de dados ajuda o modelo a generalizar melhor, simulando a variabilidade e as transformações que o modelo irá provavelmente encontrar no mundo real, melhorando assim a sua robustez e desempenho em dados não vistos.

Aprendizagem por transferência: As CNNs requerem uma quantidade significativa de dados rotulados para treino, o que pode ser um fator limitativo em muitas aplicações. A aprendizagem por transferência é uma estratégia poderosa para ultrapassar este desafio, em que um modelo pré-treinado num grande conjunto de dados (como o ImageNet) é aperfeiçoado para um conjunto de dados ou tarefa específicos, possivelmente mais pequenos. Esta abordagem tira partido das caraterísticas genéricas aprendidas com o conjunto de dados maior, frequentemente aplicáveis a várias tarefas visuais. Adapta-as aos requisitos específicos da nova tarefa. A aprendizagem por transferência reduz significativamente os dados e os recursos computacionais necessários para treinar modelos em tarefas específicas.

Inovações na arquitetura: A evolução das arquitecturas CNN tem sido marcada por inovações destinadas a aumentar a sua eficiência, precisão e capacidade de escalonamento. Arquitecturas como AlexNet, VGG, Inception (GoogleNet), ResNet e, mais recentemente, EfficientNet introduziram conceitos como redes mais profundas, módulos de incepção, ligações residuais e escalonamento composto. Essas inovações melhoraram a capacidade das CNNs de aprender com os dados de forma mais eficiente, lidar com tarefas mais complexas e alcançar um desempenho sem precedentes no reconhecimento de imagens e muito mais.

Avanços nas Arquitecturas e Aplicações CNN: A melhoria contínua e a inovação nas arquitecturas CNN melhoraram o seu desempenho nas tarefas tradicionais de reconhecimento de imagens e expandiram a sua aplicabilidade em vários domínios. Com o advento de modelos mais profundos e complexos, as CNN podem agora lidar com tarefas com maior sofisticação, incluindo a segmentação de imagens, a localização de objectos e até modelos generativos, como as redes adversariais generativas (GAN), que podem criar imagens altamente realistas.

Segmentação de imagens e localização de objectos: Na segmentação de imagens, as CNNs são utilizadas para classificar cada pixel de uma imagem numa categoria específica, permitindo a identificação e localização precisas de objectos nas imagens. Esta capacidade é crucial para aplicações como a análise de imagens médicas, que é utilizada para deteção de tumores ou delineação de órgãos, e veículos autónomos, que dependem da segmentação precisa de estradas, obstáculos e peões em tempo real. Do mesmo modo, o seguimento de objectos, que envolve a localização de um objeto em movimento ao longo do tempo num vídeo, beneficia da capacidade das CNN para aprender e reconhecer o aspeto dos objectos em várias condições e pontos de vista.

Modelos generativos e aplicações criativas: Os modelos generativos, como os GANs, que consistem numa rede geradora e numa rede discriminadora que competem entre si, abriram novas fronteiras para as CNNs em aplicações criativas. Estas incluem a geração de arte, música, imagens sintéticas realistas para aumento de dados, simuladores de treino e muito mais. A capacidade das CNNs para compreender e manipular padrões complexos nos dados torna-as ideais para estas tarefas, demonstrando a sua versatilidade para além das aplicações analíticas tradicionais.

Processamento de linguagem natural (PNL): Embora não seja o seu domínio inicial, as CNNs também encontraram aplicações na PNL, onde podem processar dados de texto de uma forma que capta as dependências locais e a estrutura dentro de frases ou documentos. Esta abordagem tem sido aplicada com sucesso a tarefas como a análise de sentimentos, a classificação de textos e até a tradução automática, demonstrando a adaptabilidade das CNN a diferentes modalidades de dados para além das imagens (Haenlein & Kaplan, 2019).

Desafios e direcções futuras: Apesar do seu êxito, o desenvolvimento e a aplicação das CNN não estão isentos de desafios. A necessidade de grandes quantidades de dados rotulados para treino é um obstáculo significativo, especialmente em domínios em que a anotação dos dados é escassa ou dispendiosa. Além disso, os recursos computacionais necessários para treinar e implementar modelos CNN de última geração podem ser proibitivos, limitando a sua acessibilidade. Para fazer face a estes desafios, a investigação prossegue em áreas como a aprendizagem com poucos disparos, que visa reduzir os requisitos de dados para os modelos de treino, e as técnicas de compressão de modelos que podem reduzir as exigências computacionais das CNN sem sacrificar significativamente o desempenho (Hartung, 2023). Além disso, a exploração de arquitecturas mais eficientes e o desenvolvimento de hardware especializado para a aprendizagem profunda são esforços contínuos para tornar as CNN mais acessíveis e eficientes.

Considerações éticas e utilização responsável: À medida que as CNNs se integram cada vez mais em vários aspectos da vida quotidiana e nos processos críticos de tomada de decisões, as considerações éticas e a utilização responsável da tecnologia passaram para primeiro plano. A privacidade, a parcialidade dos dados de treino e a potencial utilização indevida de modelos generativos exigem uma abordagem cuidadosa ao desenvolvimento e implementação de CNNs. Garantir a transparência, a equidade e a responsabilidade nos sistemas de IA é crucial à medida que continuamos a aproveitar o poder das CNNs para benefício da sociedade.

As Redes Neuronais Convolucionais transformaram o panorama da visão por computador e tiveram um impacto substancial em vários domínios. A sua capacidade para aprender padrões complexos a partir de dados, associada a inovações contínuas na arquitetura e nas aplicações, continua a alargar os limites do que é possível com a IA (He et al., 2010). Ao olharmos para o futuro, o potencial das CNN parece ilimitado, prometendo mais avanços tecnológicos e novas oportunidades para melhorar as capacidades e a compreensão humanas. O percurso das CNN, desde o conceito até à aplicação generalizada, exemplifica o impacto profundo que a integração ponderada da tecnologia pode ter na resolução de problemas complexos e na criação de novas possibilidades.

Como funcionam as CNN: da entrada de imagens à classificação/saída

As Redes Neuronais Convolucionais (CNN) funcionam através de um processo sofisticado que transforma as entradas de imagens brutas numa saída classificada, tomando decisões com base no conteúdo visual das imagens. Este processo envolve várias fases, cada uma concebida para extrair e aperfeiçoar caraterísticas da imagem, conduzindo finalmente à classificação ou identificação. Segue-se uma descrição passo a passo do funcionamento das CNN, desde a entrada da imagem até à classificação/saída:

1. Camada de entrada

O processo começa com a camada de entrada, onde a imagem é introduzida na CNN. As imagens são representadas como matrizes de valores de pixel, normalmente com três canais (vermelho, verde e azul) para imagens coloridas. As dimensões desta camada de entrada correspondem às dimensões da imagem, considerando a sua altura, largura e profundidade (canais de cor).

2. Camadas convolucionais

A primeira camada de processamento ativo numa CNN é a camada convolucional. Esta camada aplica vários filtros (ou kernels) à imagem de entrada para criar mapas de caraterísticas. Estes filtros são pequenos mas estendem-se por toda a profundidade do volume de entrada. À medida que o filtro desliza (ou convolve) pela imagem, multiplica os seus valores pelos valores originais dos pixéis. Estas multiplicações são somadas, formando um único pixel no mapa de caraterísticas. Cada filtro detecta um tipo de caraterística específico em várias localizações da imagem de entrada, como arestas, texturas ou padrões.

3. Função de ativação

Após a convolução, o mapa de caraterísticas é passado por uma função de ativação, normalmente a Unidade Linear Rectificada (ReLU). O objetivo da função de ativação é introduzir a não linearidade na rede, permitindo-lhe aprender padrões mais complexos. A ReLU consegue isso convertendo todos os valores de pixel negativos no mapa de caraterísticas em zero, mantendo os valores não-negativos como estão, o que acelera o processo de treinamento sem afetar a capacidade de convergência da rede.

4. Camadas de pooling

Após a ativação, a rede pode aplicar uma camada de pooling, que reduz a dimensão espacial do mapa de caraterísticas, tornando a deteção de caraterísticas mais invariável a alterações de escala e orientação e reduzindo a complexidade computacional das camadas subsequentes. O pooling máximo, uma das operações de pooling mais comuns, consiste em selecionar o valor máximo de um conjunto de pixels numa região do mapa de caraterísticas.

5. Camadas totalmente ligadas

Depois de a imagem ter passado por várias camadas convolucionais e de pooling, chega às camadas totalmente ligadas. Neste ponto, ocorre o raciocínio de alto nível na rede. O mapa de caraterísticas é achatado num único vetor de valores, cada um representando uma caraterística de alto nível da imagem de entrada. Estas camadas têm ligações completas a todas as activações da camada anterior, como acontece nas redes neuronais normais, e são responsáveis pelo mapeamento das caraterísticas extraídas para classes ou resultados específicos.

6. Camada de saída

A camada final de uma CNN é a camada de saída, onde ocorre a classificação. Normalmente, esta camada utiliza uma função de ativação softmax para tarefas de classificação multi-classe, que produz uma distribuição de probabilidade sobre as classes. Cada neurónio nesta camada representa uma classe e o neurónio com a maior probabilidade indica a previsão da rede sobre o que a imagem representa.

7. Retropropagação e aprendizagem

Após a passagem para a frente, em que a imagem de entrada é transformada através das camadas da CNN para produzir um resultado de classificação, a rede passa por um processo de aprendizagem para melhorar a sua precisão. Isto é conseguido através da retropropagação, um algoritmo fundamental para a formação de redes neuronais. A retropropagação calcula o gradiente da função de perda (que mede a diferença entre o resultado previsto e o rótulo real da imagem de entrada) relativamente a cada peso na rede, aplicando a regra da cadeia de cálculo. Esta informação é depois utilizada para atualizar os pesos de modo a reduzir minimamente a perda, tornando as previsões do modelo mais precisas ao longo do tempo. A taxa de aprendizado, um hiperparâmetro que controla o quanto ajustamos os pesos em relação ao gradiente de perda, desempenha um papel crítico nesse processo. Uma taxa de aprendizagem demasiado grande pode fazer com que o modelo ultrapasse o mínimo, enquanto uma taxa de aprendizagem demasiado pequena pode resultar num longo tempo de convergência (Mazzone & Elgammal, 2019; Yao et al., 2019).

8. Otimização e atualização de pesos

Um algoritmo de otimização é aplicado para ajustar os pesos e as polarizações da rede durante a retropropagação. Os algoritmos de otimização, como o Stochastic Gradient Descent (SGD), Adam ou RMSprop, diferem na forma como utilizam a informação do gradiente para atualizar os pesos. Estes optimizadores podem ajustar a taxa de aprendizagem de forma dinâmica, ajudar a ultrapassar problemas como mínimos locais ou pontos de sela e tornar o processo de formação mais eficiente e eficaz.

9. Formação iterativa e avaliação de modelos

O processo de passagem para a frente, retropropagação e atualização de pesos é repetido ao longo de muitas iterações, conhecidas como épocas, em todo o conjunto de dados de treino. A cada época, a rede aprende a reconhecer um conjunto mais amplo e complexo de caraterísticas, melhorando sua capacidade de classificar imagens com precisão. O desempenho do modelo é avaliado utilizando um conjunto de dados de validação separado, que ajuda a monitorizar o sobreajuste e a orientar o ajuste dos hiperparâmetros. O sobreajuste ocorre quando o modelo aprende demasiado bem os dados de treino, captando o ruído nos dados como se fosse um padrão significativo, o que pode degradar o desempenho em dados não vistos.

10. Testes finais e implantação

Depois de o modelo ter sido treinado e validado, o seu desempenho é avaliado num conjunto de dados de teste que não foi utilizado durante as fases de treino ou validação. Esta avaliação final estima o desempenho do modelo em condições reais ou em dados não vistos. Suponhamos que o modelo satisfaz os critérios de desempenho desejados. Nesse caso, pode ser implementado em aplicações reais, como o reconhecimento de imagens em veículos autónomos, o diagnóstico médico a partir de imagens ou sistemas de monitorização automatizados.

Avanços e desafios no desenvolvimento de CNNs: À medida que as Redes Neuronais Convolucionais (CNN) continuam a evoluir, o seu desenvolvimento é caracterizado por avanços que ultrapassam os limites do possível e por desafios que os investigadores e profissionais têm de enfrentar. Esta evolução contínua reflecte a interação dinâmica entre a inovação tecnológica e as exigências práticas da implementação de CNNs em ambientes diversos e complexos.

Avanços nas arquitecturas CNN: O panorama das arquitecturas CNN tem registado uma inovação significativa, com os modelos a tornarem-se mais profundos, mais eficientes e capazes de lidar com tarefas cada vez mais complexas. Arquitecturas como a ResNet introduziram ligações residuais para treinar redes muito profundas, atenuando o problema do gradiente decrescente. Do mesmo modo, arquitecturas como a Inception (GoogleNet) e a EfficientNet optimizaram a forma como as operações convolucionais são realizadas, melhorando a eficiência e a escalabilidade das CNN. Estes avanços melhoraram o desempenho em tarefas de referência e abriram novas aplicações para as CNN, desde a análise de vídeo em tempo real até à compreensão de cenas complexas.

Aprendizagem por transferência e aprendizagem com poucos disparos: Um dos avanços mais impactantes na utilização de CNNs tem sido a adoção generalizada de técnicas de aprendizagem por transferência e de aprendizagem com poucos disparos. A aprendizagem por transferência permite que os profissionais utilizem modelos pré-treinados em novas tarefas com dados limitados, reduzindo significativamente o tempo e os recursos necessários para o desenvolvimento de modelos. A aprendizagem com poucos exemplos, que visa treinar modelos com poucos exemplos, leva este conceito mais longe, abordando cenários em que os dados são extremamente escassos. Estas abordagens democratizaram o acesso à aprendizagem profunda, permitindo que organizações e projectos mais pequenos utilizem eficazmente CNNs de última geração.

Desafios na formação e implementação: Apesar destes avanços, o treino e a implementação de CNNs à escala continuam a ser um desafio. O custo computacional do treinamento de CNNs profundas requer recursos significativos, muitas vezes necessitando de hardware especializado, como GPUs ou TPUs. Isso pode limitar a acessibilidade para pesquisadores e organizações com orçamentos limitados. Além disso, a implementação de CNNs em aplicações do mundo real deve considerar factores como o tempo de inferência, o consumo de energia e a adaptabilidade a condições ou distribuições de dados variáveis. Estas considerações estimularam a investigação sobre compressão de modelos, quantização e conceção de arquitetura eficiente, com o objetivo de tornar as CNNs mais leves e implementáveis em dispositivos de ponta.

Considerações éticas e enviesamento: À medida que as CNNs se tornam mais integradas em aplicações críticas, as considerações éticas e o potencial de enviesamento nas previsões dos modelos têm surgido como desafios significativos. Os dados utilizados para treinar CNNs podem refletir preconceitos históricos, levando a modelos que perpetuam ou amplificam esses preconceitos. Para resolver este problema, é necessária uma curadoria cuidadosa dos conjuntos de dados de treino, transparência no desenvolvimento dos modelos e mecanismos de responsabilização das previsões dos modelos. Estão em curso esforços para desenvolver sistemas de IA mais equitativos e imparciais, o que realça a importância da colaboração interdisciplinar entre tecnólogos, especialistas em ética e especialistas no domínio.

O futuro das CNNs: É provável que o desenvolvimento das CNNs continue rapidamente, impulsionado tanto pelo impulso da inovação tecnológica como pela atração de domínios de aplicação em expansão. Áreas emergentes como a IA explicável (XAI), em que os modelos fornecem informações sobre os seus processos de tomada de decisões e a ética da IA, estão a tornar-se cada vez mais importantes. Estes domínios abordam alguns dos desafios críticos da utilização da IA em contextos sensíveis ou com impacto, garantindo que as CNN e outras tecnologias de IA são utilizadas de forma responsável e em benefício da sociedade.

As Redes Neuronais Convolucionais transformaram o panorama da visão por computador e da inteligência artificial, adaptando-se e evoluindo continuamente para responder a novos desafios e oportunidades. Desde os avanços na arquitetura e nas técnicas de formação até aos esforços contínuos para abordar considerações éticas e desafios de implementação, o percurso das CNN é emblemático do campo mais vasto da IA -

marcado por progressos rápidos, impacto significativo e desafios complexos que exigem soluções inovadoras. À medida que as CNNs continuam a progredir, o seu potencial para contribuir para a resolução de alguns dos problemas mais prementes da sociedade continua a ser imenso, sublinhado pela necessidade de um desenvolvimento e implementação ponderados e responsáveis.

Vantagens das CNNs em relação aos métodos tradicionais de processamento de imagem

As Redes Neuronais Convolucionais (CNN) fizeram avançar significativamente o domínio do processamento de imagens, oferecendo inúmeras vantagens em relação aos métodos tradicionais. As técnicas tradicionais de processamento de imagens envolvem frequentemente a extração manual de caraterísticas, em que as caraterísticas utilizadas para interpretar as imagens são elaboradas manualmente e especificadas por especialistas. Esta abordagem pode ser prática para aplicações específicas, mas tende a ser inflexível e trabalhosa, significativamente à medida que a complexidade da tarefa aumenta. As CNN, pelo contrário, automatizam o processo de extração de caraterísticas e oferecem uma abordagem mais dinâmica e poderosa para compreender os dados visuais. Eis algumas das principais vantagens das CNNs em relação aos métodos tradicionais de processamento de imagens:

1. Extração automatizada de caraterísticas

As CNN podem aprender e extrair automaticamente caraterísticas de imagens, eliminando a necessidade de seleção manual de caraterísticas. Esta é uma vantagem significativa, uma vez que a identificação manual de caraterísticas é morosa e pode também não detetar padrões complexos que uma CNN pode captar. A natureza hierárquica das CNNs permite-lhes aprender caraterísticas a vários níveis de abstração, desde simples arestas e texturas a objectos complexos, tudo isto sem programação explícita.

2. Desempenho superior em tarefas complexas

As CNN demonstraram um desempenho superior em várias tarefas complexas de processamento de imagens, incluindo a classificação de imagens, a deteção de objectos e a segmentação semântica. A sua capacidade de aprender com grandes conjuntos de dados e de captar padrões intrincados nos dados torna-as particularmente eficazes para tarefas em que os métodos tradicionais têm dificuldade em atingir uma precisão elevada. Isto conduziu a avanços tecnológicos na análise de imagens médicas, veículos autónomos e reconhecimento facial.

3. Robustez a variações na entrada

As CNNs são inerentemente mais robustas a variações na imagem de entrada, tais como alterações de escala, orientação e condições de iluminação. Isto deve-se à utilização de pesos partilhados e camadas de pooling, que proporcionam uma forma de invariância de translação e invariância de escala. Como resultado, as CNNs podem reconhecer objectos e caraterísticas independentemente da sua posição ou tamanho na imagem, uma capacidade que é difícil de alcançar com as técnicas tradicionais de processamento de imagem.

4. Escalabilidade e adaptabilidade

A escalabilidade das CNN permite-lhes lidar eficazmente com conjuntos de dados de imagens em grande escala, tornando-as adequadas para aplicações com grandes quantidades de dados. Além disso, as CNNs são adaptáveis a novas tarefas através de técnicas como a aprendizagem por transferência, em que um modelo treinado numa tarefa pode ser ajustado para outra com um mínimo de treino adicional. Esta flexibilidade é uma vantagem significativa em relação aos métodos tradicionais, que muitas vezes exigem soluções à medida para cada nova tarefa.

5. Integração com ecossistemas de aprendizagem profunda

As CNNs beneficiam do rápido desenvolvimento de estruturas e ferramentas de aprendizagem profunda, como o TensorFlow e o PyTorch, que fornecem bibliotecas optimizadas para a construção e treino de redes neurais. Estes ecossistemas oferecem uma gama de funcionalidades para pré-processamento de dados, formação de modelos e implementação, simplificando o processo de desenvolvimento e permitindo aplicações de processamento de imagem mais sofisticadas.

6. Aprendizagem de ponta a ponta

As CNN oferecem uma abordagem de aprendizagem de ponta a ponta, em que um único modelo pode ser treinado diretamente a partir de dados brutos de pixéis para executar uma tarefa específica, como a classificação ou a deteção. Isto contrasta com os métodos tradicionais, que frequentemente requerem várias fases de processamento e afinação manual em cada fase. A aprendizagem de ponta a ponta simplifica o processo de modelação e pode conduzir a um melhor desempenho global, permitindo que o modelo aprenda representações de dados específicas da tarefa.

7. Generalização melhorada a partir do aumento de dados

As CNNs beneficiam inerentemente de técnicas de aumento de dados, melhorando significativamente a capacidade do modelo para generalizar a partir dos dados de treino para dados não vistos. Ao expandir artificialmente o conjunto de dados de treino utilizando transformações como a rotação, o escalonamento, a inversão e o corte, as CNN podem aprender a reconhecer objectos e padrões numa gama mais vasta de condições. Esta é uma vantagem crítica em relação aos métodos tradicionais de processamento de imagem, em que a capacidade de generalização a partir de dados limitados ou aumentados pode ser significativamente restringida pela natureza artesanal da extração de caraterísticas e pela especificidade dos algoritmos concebidos para os dados de treino.

8. Eficiência no tratamento de dados de elevada dimensão

As CNN são excecionalmente eficientes no tratamento de dados de imagem de elevada dimensão, graças à sua arquitetura, que reduz progressivamente a dimensionalidade dos dados enquanto extrai caraterísticas relevantes. Este facto contrasta com os métodos tradicionais de processamento de imagens, que podem debater-se com a maldição da dimensionalidade ou exigir um pré-processamento extensivo para reduzir as dimensões dos dados sem perder informações críticas. As camadas convolucionais nas CNN e as operações de pooling garantem que a rede se concentra nas caraterísticas mais informativas, mantendo a eficiência computacional.

9. Capacidade de aprendizagem dinâmica

Ao contrário dos métodos estáticos que requerem ajustes manuais para se adaptarem a novas tarefas ou dados, as CNNs possuem capacidades de aprendizagem dinâmica. Através da formação contínua e da capacidade de se ajustarem a novos padrões nos dados, as CNN podem melhorar ao longo do tempo com uma intervenção humana mínima. Esta capacidade de aprendizagem é particularmente vantajosa em aplicações em que a distribuição dos dados pode mudar, como os sistemas de monitorização em tempo real ou as aplicações que envolvem conteúdos gerados pelos utilizadores.

10. Aprendizagem colaborativa e transferência de conhecimentos

As CNNs podem tirar partido de técnicas de aprendizagem colaborativa, como a montagem de modelos e a destilação de conhecimentos, para melhorar o desempenho para além do que é possível obter com modelos individuais. Estas técnicas permitem que várias CNNs combinem os seus conhecimentos ou que um modelo mais pequeno aprenda com um modelo maior e mais potente. Esta abordagem colaborativa à aprendizagem é difícil de replicar com os métodos tradicionais de processamento de imagem, que não possuem a arquitetura de aprendizagem flexível e orientada para os dados das CNNs.

11. Acessibilidade e apoio comunitário

A adoção generalizada de CNNs levou a uma comunidade vibrante de investigadores, programadores e profissionais que contribuem para um repositório crescente de modelos, ferramentas e conjuntos de dados de código aberto. Este ecossistema fornece uma grande quantidade de recursos que podem acelerar o desenvolvimento de novas aplicações e facilitar a partilha das melhores práticas. Em contrapartida, embora apoiadas por uma comunidade, as técnicas tradicionais de processamento de imagem podem não oferecer o mesmo nível de recursos de ponta e quadros de colaboração prontamente disponíveis.

A transição dos métodos tradicionais de processamento de imagem para as Redes Neuronais Convolucionais representa uma mudança de paradigma na forma como os dados visuais são analisados e interpretados. As vantagens das CNN, que vão desde a extração automatizada de caraterísticas e capacidades superiores de generalização até à aprendizagem dinâmica e um ecossistema comunitário de apoio, realçam o seu impacto transformador na visão computacional e nos domínios conexos. À medida que a tecnologia avança e os desafios do processamento de dados visuais complexos evoluem, as CNNs estão preparadas para permanecer na vanguarda, impulsionando a inovação e permitindo novas aplicações que antes eram consideradas fora do alcance.

Potencial da CNN na agricultura

A aplicação das Redes Neuronais Convolucionais (CNN) na agricultura representa um salto significativo na forma como os dados são utilizados para aumentar a produtividade, a sustentabilidade e a eficiência das práticas agrícolas. Ao aproveitar o poder das CNN, as partes interessadas do sector agrícola podem tirar partido de métodos precisos e automatizados para monitorizar as culturas, prever rendimentos, detetar doenças e muito mais (Corsaro et al., 2022). O potencial das CNN na agricultura abrange uma vasta gama de aplicações, desde sistemas de monitorização em tempo real a análises preditivas, oferecendo soluções que antes eram impraticáveis ou impossíveis. Seguem-se alguns exemplos de casos em que as CNNs tiveram impacto, juntamente com uma discussão sobre as suas vastas aplicações no sector agrícola.

Exemplos de casos em que as CNNs tiveram impacto

As Redes Neuronais Convolucionais (CNN) têm tido um impacto significativo em vários domínios, demonstrando a sua versatilidade e poder na resolução de problemas complexos. Seguem-se 20 exemplos de casos que mostram as diversas aplicações e o potencial transformador das CNN:

1. **Diagnóstico médico automatizado**: As CNN têm sido utilizadas para diagnosticar doenças a partir de dados de imagiologia médica, como a deteção de tumores

em exames de ressonância magnética ou a identificação de retinopatia diabética em imagens da retina.

2. **Carros autónomos**: Desempenham um papel crucial no desenvolvimento de veículos autónomos, ajudando na deteção de objectos, no reconhecimento de sinais de trânsito e na compreensão de cenas para uma navegação segura.

3. **Reconhecimento facial**: As CNN melhoraram a precisão e a fiabilidade dos sistemas de reconhecimento facial utilizados em sistemas de segurança e para fins de autenticação.

4. **Deteção de doenças das culturas agrícolas**: Permitem a deteção precoce de doenças das culturas através da análise de imagens das folhas, ajudando no tratamento atempado para evitar a propagação.

5. **Deteção de ervas daninhas para a agricultura de precisão**: As CNNs ajudam a distinguir entre culturas e ervas daninhas, facilitando a aplicação direcionada de herbicidas e reduzindo o impacto ambiental.

6. **Previsão e estimativa de rendimento**: As CNNs prevêem rendimentos agrícolas através da análise de imagens de culturas, ajudando os agricultores a otimizar as colheitas e a atribuição de recursos.

7. **Vigilância por vídeo em tempo real**: Nas transmissões de vídeo em tempo real, as CNNs melhoram os sistemas de segurança detectando actividades suspeitas ou acessos não autorizados.

8. **Avaliação de catástrofes naturais**: Avaliam os danos causados por catástrofes naturais, como inundações ou terramotos, através da análise de imagens aéreas e de satélite.

9. **Análise do comportamento do cliente no retalho**: Em ambientes de retalho, as CNNs analisam vídeo para seguir os movimentos e interações dos clientes, melhorando a disposição das lojas e as estratégias de marketing.

10. **Digitalização de documentos históricos**: As CNNs auxiliam na digitalização e restauração de documentos históricos, reconhecendo textos e imagens mesmo em condições degradadas.

11. **Tradução de línguas**: Embora sejam tradicionalmente do domínio das RNNs, as CNNs também têm sido aplicadas em tarefas de tradução automática, processando frases e parágrafos como sequências de imagens.

12. **Monitorização e conservação da vida selvagem**: Ajudam a identificar e contar automaticamente os animais em esforços de conservação da vida selvagem, analisando imagens de armadilhas fotográficas.

13. **Análise desportiva**: As CNNs analisam imagens desportivas para seguir os movimentos dos jogadores, as posições da bola e as formações das equipas, fornecendo informações para o treino e a estratégia.

14. **Realidade Aumentada (RA) melhorada**: Nas aplicações de RA, as CNNs facilitam o reconhecimento de objectos e a compreensão de cenas em tempo real, misturando na perfeição elementos digitais com o mundo real.

15. **Deteção de cancro da pele**: As CNNs têm sido utilizadas para diferenciar lesões cutâneas malignas e benignas a partir de imagens dermatoscópicas, ajudando na deteção precoce do cancro.

16. **Fenotipagem no melhoramento de plantas**: Automatizam a análise das caraterísticas das plantas (fenotipagem), acelerando o processo de seleção de caraterísticas desejáveis.

17. **Inspeção industrial automatizada**: As CNNs realizam o controlo de qualidade no fabrico, detectando com precisão defeitos em produtos ou componentes nas linhas de produção.

18. **Investigação atmosférica e oceânica**: A análise de imagens de satélite com CNNs ajuda a seguir os padrões meteorológicos, os níveis de poluição e as correntes oceânicas para a investigação climática.

19. **Dispositivos para casas inteligentes**: Nas casas inteligentes, as CNNs permitem que dispositivos como câmaras e assistentes reconheçam objectos, pessoas e actividades, melhorando a automatização e a interação.

20. **Moderação de conteúdos em plataformas sociais**: As CNN ajudam a detetar e filtrar automaticamente conteúdos inadequados ou prejudiciais em imagens e vídeos partilhados em linha.

21. **Reconhecimento de escrita à mão**: As CNN melhoraram significativamente a precisão do reconhecimento de texto manuscrito, permitindo a digitalização de notas manuscritas e documentos históricos e a interpretação da escrita manuscrita em formulários e cheques.

22.   **Moda e retalho**: No sector da moda, os poderosos sistemas de recomendação da CNN sugerem artigos de vestuário com base nos estilos das imagens carregadas e automatizam a gestão do inventário identificando produtos através de dados visuais.

23.   **Planeamento e desenvolvimento urbano**: Ao analisar imagens aéreas e de satélite, as CNN ajudam no planeamento urbano, detectando alterações na utilização do solo, mapeando infra-estruturas e monitorizando o progresso da construção.

24.   **Avaliação de danos arquitectónicos**: Após uma catástrofe, as CNN são utilizadas para avaliar rapidamente os danos em edifícios e infra-estruturas a partir de imagens, facilitando uma resposta mais rápida e a afetação de recursos para reparações.

25.   **Análise e criação de arte**: As CNNs contribuem para a análise da arte, identificando o artista, o estilo e o período histórico das obras de arte. Também são utilizadas na arte generativa, criando novas peças de arte através da aprendizagem de estilos existentes.

26.   **Pontuação automatizada de ensaios**: Embora sejam mais comuns em tarefas de PNL, as CNNs foram adaptadas para avaliar e classificar ensaios escritos, analisando a estrutura e o conteúdo apresentados num formato visual.

27.   **Tradução de linguagem gestual**: As CNNs ajudam a traduzir a linguagem gestual em texto ou discurso em tempo real, quebrando as barreiras de comunicação para os surdos e os deficientes auditivos.

28.   **Soluções de prova virtual**: No comércio eletrónico, as CNN permitem funcionalidades de experimentação virtual, permitindo aos clientes ver como as roupas e os acessórios ficam em avatares ou neles próprios, utilizando a realidade aumentada.

29.   **Descoberta e conceção de medicamentos**: As CNNs analisam imagens moleculares para identificar potenciais candidatos a medicamentos e prever as suas interações com alvos biológicos, acelerando a descoberta de medicamentos.

30.   **Exploração subaquática**: São utilizados em veículos subaquáticos autónomos para navegação e para identificar espécies marinhas, habitats e sítios arqueológicos através de imagens.

31.   **Deteção e monitorização de incêndios**: As CNNs analisam imagens de satélite, aéreas ou de sensores terrestres para detetar e monitorizar incêndios florestais, fornecendo alertas precoces e acompanhando a progressão do fogo.

32.   **Análise do fluxo de tráfego**: Nas cidades inteligentes, as CNNs analisam as imagens das câmaras de trânsito para monitorizar as condições de trânsito, detetar acidentes e otimizar o controlo dos semáforos, melhorando a mobilidade urbana.

33.   **Melhoria de fotografias aéreas**: As CNNs melhoram e restauram fotografias aéreas, corrigem distorções e melhoram a resolução para uma melhor análise e visualização.

34.   **Classificação de sons a partir de entradas visuais**: Ao converter ondas sonoras em imagens de espetrograma, as CNN podem classificar e reconhecer diferentes sons, ajudando na monitorização ambiental e na análise de paisagens sonoras urbanas.

35.   **Modelação 3D a partir de imagens**: As CNNs processam várias imagens 2D para reconstruir modelos 3D de objectos ou cenas, o que é útil em realidade virtual, jogos e visualização arquitetónica.

36.   **Leitura automatizada de medidores analógicos**: Em ambientes industriais, as CNNs interpretam leituras de medidores e mostradores analógicos, digitalizando medições para sistemas de monitorização e controlo.

37.   **Classificação e ordenação de materiais**: As CNNs identificam e classificam materiais com base em caraterísticas visuais, automatizando a triagem em instalações de reciclagem ou o controlo de qualidade no fabrico.

38.   **Análise Geológica e Mineral**: Ao analisar imagens de formações rochosas e amostras de minerais, as CNNs ajudam os geólogos a identificar depósitos minerais e a compreender as estruturas geológicas.

39.   **Ferramentas educativas interactivas**: As CNNs alimentam o software educativo que responde às entradas manuscritas ou gestos dos alunos, proporcionando experiências de aprendizagem interactivas e personalizadas.

40.   **Deteção de defeitos de fabrico em eletrónica**: Inspeccionam PCB (placas de circuitos impressos) e componentes electrónicos para detetar defeitos de fabrico, garantindo a qualidade e a fiabilidade.

41.   **Manutenção preditiva em equipamentos industriais**: As CNNs analisam imagens de câmaras que monitorizam máquinas para prever quando o equipamento pode falhar ou necessitar de manutenção, minimizando o tempo de inatividade e os custos de manutenção.

42. **Melhoria do controlo de segurança**: Nos aeroportos e espaços públicos, as CNN melhoram a deteção de artigos proibidos nas imagens de raios X das bagagens ou das pessoas, reforçando a segurança e reduzindo os controlos manuais.

43. **Análise do desempenho desportivo**: As CNNs são utilizadas para analisar os movimentos e as técnicas dos atletas em vídeos de treino, fornecendo aos treinadores informações detalhadas para melhorar o desempenho e prevenir lesões.

44. **Sistemas de estacionamento automatizados**: As CNNs ajudam a identificar os lugares de estacionamento disponíveis em tempo real através de imagens de câmaras, orientam os condutores para os lugares vagos e optimizam a utilização dos parques de estacionamento.

45. **Cinematografia e edição de filmes**: Na indústria cinematográfica, as CNNs ajudam na edição, selecionando automaticamente os melhores planos, melhorando os efeitos visuais e até prevendo as reacções do público a diferentes cenas.

46. **Deteção remota para monitorização ambiental**: As CNNs analisam imagens de satélite para monitorizar alterações ambientais, como a desflorestação, a desertificação e a saúde dos ecossistemas aquáticos.

47. **Tecnologias de assistência para pessoas com deficiência visual**: As CNNs alimentam aplicações que descrevem o mundo visual para utilizadores com deficiência visual, lendo texto em voz alta a partir de sinais e menus e identificando obstáculos em tempo real.

48. **Controlo de qualidade na indústria alimentar**: Os CNNs inspeccionam produtos alimentares nas linhas de produção para controlo de qualidade, detectando defeitos e contaminação e garantindo o cumprimento das normas sanitárias.

49. **Restauro de imagens históricas**: As CNNs restauram e melhoram imagens de vídeo históricas, melhorando a nitidez, colorindo filmes a preto e branco e aumentando a resolução.

50. **Deteção de abate ilegal de árvores e caça furtiva**: Nos esforços de conservação, as CNNs analisam imagens de drones ou satélites para detetar sinais de abate ilegal de árvores e caça furtiva, ajudando na proteção das florestas e da vida selvagem.

51. **Gestão inteligente da energia**: As CNNs monitorizam e analisam imagens de sistemas e redes de energia para prever a procura, detetar falhas e otimizar a distribuição de eletricidade para eficiência e sustentabilidade.

52.   **Deteção e análise de organismos microscópicos**: Na microbiologia, as CNNs ajudam a identificar e classificar organismos microscópicos em imagens de amostras, acelerando a investigação e o diagnóstico.

53.   **Inspeção e revisão automatizadas de códigos**: Ao converter o código em representações visuais, as CNNs podem ajudar a identificar padrões, anomalias e potenciais erros no desenvolvimento de software.

54.   **Design paisagístico e ecologização urbana**: As CNNs analisam imagens de áreas urbanas para recomendar locais óptimos para a plantação de árvores e espaços verdes, contribuindo para o planeamento urbano e a sustentabilidade ambiental.

55.   **Reconstrução de cenas de acidentes**: Na engenharia forense, as CNNs reconstroem cenas de acidentes a partir de fotografias, ajudando nas investigações ao fornecer análises visuais detalhadas.

56.   **Automatizar a coreografia**: As CNNs analisam movimentos de dança para criar ou sugerir coreografias, combinando criatividade com tecnologia para enriquecer as artes do espetáculo.

57.   **Otimização da logística e da gestão de armazéns**: As CNNs optimizam as operações de armazém através da análise de imagens dos níveis de inventário, automatizando os processos de triagem e embalagem e melhorando a eficiência das cadeias logísticas.

58.   **Melhorar a experiência de compras em linha**: As CNNs oferecem funcionalidades de experimentação virtual e recomendações de produtos, analisando as fotografias carregadas pelo utilizador e personalizando a experiência de compra.

59.   **Monitorização da qualidade da água**: Ao analisar imagens de massas de água, as CNNs detectam poluentes, proliferação de algas e outros indicadores de qualidade da água, apoiando os esforços de proteção ambiental.

60.   **Descobertas arqueológicas**: As CNNs ajudam os arqueólogos a analisar imagens de satélite para descobrir estruturas e sítios ocultos, revelando conhecimentos sobre civilizações antigas.

61.   **Classificação automatizada de pedras preciosas**: As CNNs podem avaliar a qualidade das pedras preciosas analisando as imagens quanto à clareza, cor, corte e peso em quilates, simplificando o processo de avaliação e garantindo a consistência na classificação.

62.   **Melhorar as experiências de Realidade Virtual (RV)**: Ao analisar e interpretar imagens em tempo real, as CNNs melhoram o reconhecimento de objectos e a interação em ambientes virtuais, tornando as experiências de RV mais imersivas e realistas.

63.   **Equipamento agrícola inteligente**: As CNNs permitem que as máquinas agrícolas, como tractores e drones, executem tarefas de forma autónoma, como a plantação, a monda e a colheita, através do processamento de dados visuais do campo.

64.   **Resposta a catástrofes e operações de socorro**: No rescaldo de catástrofes, as CNNs analisam imagens aéreas e de satélite para identificar as áreas afectadas, avaliar os danos e dar prioridade aos esforços de resposta, ajudando a uma atribuição eficiente de recursos.

65.   **Monitorização da qualidade do ar**: As CNNs processam imagens de câmaras e satélites para detetar e analisar poluentes atmosféricos, fornecendo dados em tempo real sobre a qualidade do ar e ajudando a identificar fontes de poluição.

66.   **Design de moda e previsão de tendências**: Ao analisar imagens relacionadas com a moda provenientes das redes sociais e de outras fontes, as CNNs identificam as tendências emergentes, ajudando os designers e os retalhistas a tomar decisões informadas.

67.   **Exploração e análise espacial**: As CNNs processam imagens de telescópios espaciais e rovers planetários para identificar objectos celestes, analisar superfícies planetárias e apoiar a navegação em missões espaciais.

68.   **Pontuação automatizada de ensaios**: As CNNs são utilizadas para classificar ensaios através da análise da disposição visual do texto, proporcionando uma avaliação objetiva e consistente do trabalho escrito.

69.   **Melhorar a qualidade do áudio**: Ao converter sinais de áudio em espectrogramas (representações visuais), as CNN podem identificar e remover ruído, melhorando a clareza do som e da música gravados.

70.   **Sistemas inteligentes de gestão de tráfego**: As CNNs analisam as imagens das câmaras de tráfego para otimizar o fluxo de tráfego, detetar incidentes e gerir o congestionamento em tempo real, melhorando a mobilidade urbana e reduzindo as emissões.

71.   **Monitorização do local de construção**: As CNNs monitorizam o progresso da construção e a conformidade com a segurança através da análise de imagens de câmaras

no local, ajudando a garantir que os projectos cumprem o calendário e que os trabalhadores estão em segurança.

72. **Análise automatizada de transmissões desportivas**: As CNNs identificam momentos-chave, jogadores e acções em transmissões desportivas, permitindo a geração automática de destaques e análises avançadas para equipas e emissoras.

73. **Manutenção preditiva de infra-estruturas urbanas**: Ao analisar imagens de estradas, pontes e serviços públicos, as CNNs podem detetar sinais de desgaste e potenciais falhas, ajudando na manutenção proactiva e na gestão de infra-estruturas.

74. **Autenticação de documentos e deteção de fraudes**: As CNNs analisam imagens de documentos para verificar a autenticidade, detetar alterações e evitar fraudes em transacções financeiras e verificação de identidade.

75. **Aprendizagem melhorada e ferramentas educativas**: As CNNs alimentam aplicações educativas interactivas que reconhecem escrita manual, gestos e objectos, proporcionando experiências de aprendizagem envolventes e personalizadas.

76. **Vigilância e segurança marítima**: Através da análise de imagens aéreas e de satélite, as CNNs monitorizam o tráfego marítimo, detectam actividades de pesca ilegais e apoiam operações de busca e salvamento.

77. **Preservação do património cultural**: As CNNs analisam imagens de artefactos culturais e locais históricos para avaliar o seu estado, identificar necessidades de restauro e preservar digitalmente o património para as gerações futuras.

78. **Inspeção automatizada de painéis solares**: As CNNs detectam defeitos e degradação nos painéis solares a partir de imagens captadas por drones, garantindo um desempenho ótimo e a longevidade dos sistemas de energia solar.

79. **Treino personalizado de saúde e fitness**: Ao analisar imagens e vídeos dos utilizadores, as CNNs fornecem feedback personalizado sobre a forma, a postura e a técnica do exercício, aumentando a eficácia dos treinos em casa.

80. **Melhorar os processos de checkout no retalho**: As CNNs automatizam o reconhecimento de produtos na caixa, acelerando o processo e reduzindo a necessidade de códigos de barras, melhorando a experiência do cliente.

81. **Patologia digital e análise histológica**: As CNNs automatizam a análise de amostras de tecidos em imagens digitais, ajudando os patologistas a identificar células

cancerosas e a compreender a arquitetura dos tecidos, o que pode levar a diagnósticos mais rápidos e mais precisos.

82.   **Reforço da segurança das redes**: Ao analisar imagens de padrões e anomalias de tráfego de rede, as CNN podem detetar e prevenir ciberameaças, reforçando a segurança das infra-estruturas digitais.

83.   **Otimização do consumo de energia em edifícios**: As CNNs analisam imagens de câmaras térmicas para identificar fugas de calor e utilização ineficiente de energia em edifícios, fornecendo informações acionáveis para poupança de energia e sustentabilidade.

84.   **Monitorização automatizada de emissões industriais**: As CNNs processam dados visuais de instalações industriais para monitorizar e quantificar as emissões, ajudando a cumprir os regulamentos ambientais e promovendo práticas de produção mais limpas.

85.   **Assistência em cirurgia robótica**: Ao analisar imagens de câmaras cirúrgicas, as CNNs prestam assistência em tempo real aos cirurgiões, aumentando a precisão e a segurança em procedimentos minimamente invasivos.

86.   **Deteção de microplásticos em fontes de água**: As CNNs analisam imagens de amostras de água para identificar e quantificar microplásticos, contribuindo para a investigação e para os esforços de combate à poluição da água.

87.   **Transcrição automatizada de notação musical**: Ao analisar imagens de actuações musicais ou partituras manuscritas, as CNNs transcrevem música para notação digital, preservando obras artísticas e ajudando os músicos na aprendizagem e composição.

88.   **Melhorar a acessibilidade dos conteúdos em linha**: As CNNs geram automaticamente texto alternativo para imagens em sítios Web e redes sociais, melhorando a acessibilidade dos utilizadores com deficiência visual através da descrição do conteúdo visual.

89.   **Monitorização da vegetação e da saúde das florestas**: As CNNs processam imagens aéreas e de satélite para avaliar a saúde da vegetação, detetar a desflorestação e apoiar os esforços de reflorestação, contribuindo para a conservação ambiental.

90.   **Analisar o comportamento do consumidor em lojas físicas**: Através do processamento de feeds de vídeo, as CNNs analisam os movimentos e interações dos clientes nos espaços de venda a retalho, fornecendo informações sobre o comportamento dos consumidores e o desempenho das lojas.

91.   **Melhorar a animação e o desenvolvimento de jogos**: As CNNs automatizam a geração de texturas e modelos 3D a partir de imagens 2D, simplificando a criação de conteúdos em animação e desenvolvimento de jogos.

92.   **Apoio à investigação arqueológica**: As CNNs analisam imagens de satélite para identificar potenciais sítios arqueológicos, ajudando os investigadores a descobrir artefactos históricos e povoações antigas.

93.   **Previsão de padrões meteorológicos e fenómenos naturais**: Ao processar imagens de satélites meteorológicos, as CNN contribuem para a previsão de eventos meteorológicos e fenómenos naturais, melhorando as estratégias de preparação e resposta.

94.   **Melhoria da qualidade dos suportes de impressão**: As CNNs automatizam a inspeção de suportes de impressão para controlo de qualidade, detectando erros de impressão e inconsistências em jornais, revistas e embalagens.

95.   **Facilitar a gestão inteligente de resíduos**: As CNNs identificam e classificam tipos de resíduos em instalações de reciclagem, permitindo a triagem automática e contribuindo para processos mais eficientes de gestão e reciclagem de resíduos.

96.   **Aumentar a realidade na educação**: Ao reconhecerem objectos e ambientes através da câmara, as CNNs proporcionam experiências interactivas de realidade aumentada que melhoram a aprendizagem em disciplinas que vão da biologia à história.

97.   **Automatização da tradução de idiomas em sinalética**: As CNNs traduzem texto em imagens de uma língua para outra em tempo real, ajudando os viajantes e a comunicação internacional ao fornecer traduções instantâneas de sinais e menus.

98.   **Apoio aos esforços de conservação da vida selvagem**: As CNNs processam imagens de armadilhas fotográficas para identificar e seguir espécies de vida selvagem, apoiando a monitorização da biodiversidade e os esforços de conservação em habitats naturais.

99.   **Otimização dos processos de fabrico**: Ao analisar imagens de processos de fabrico, as CNNs detectam ineficiências e estrangulamentos, fornecendo informações para otimizar as linhas de produção e reduzir o desperdício.

100.   **Melhorar a experiência do utilizador em aplicações de software**: As CNNs analisam os padrões de interação dos utilizadores com as interfaces de software para identificar problemas de usabilidade e informar as melhorias de conceção, melhorando a experiência geral do utilizador.

101.	**Aceleração dos processos de descoberta de medicamentos**: As CNNs analisam estruturas moleculares e dados biológicos, prevendo a eficácia e a segurança de compostos farmacêuticos, acelerando assim o processo de descoberta e desenvolvimento de medicamentos.

102.	**Melhorar a transmissão de desportos**: As CNNs automatizam o processo de marcação e categorização de imagens de vídeo, identificando jogadas importantes, movimentos de jogadores e estatísticas de jogos, enriquecendo a experiência de visualização para os fãs de desporto.

103.	**Facilitar a silvicultura de precisão**: Ao analisar imagens de drones e satélites, as CNNs avaliam a densidade florestal, a saúde das árvores e a estimativa da biomassa, ajudando na gestão sustentável das florestas e na avaliação do stock de carbono.

104.	**Simplificação da análise de documentos jurídicos**: As CNNs podem processar e analisar imagens de documentos jurídicos para extrair e categorizar informações, reduzindo a carga de trabalho dos profissionais da área jurídica e melhorando a eficiência da pesquisa jurídica.

105.	**Detetar a integridade estrutural na engenharia**: As CNNs avaliam imagens de pontes, edifícios e outras estruturas para detetar sinais de desgaste, fadiga e potenciais pontos de falha, garantindo a segurança e a longevidade das infra-estruturas.

106.	**Orientar os esforços de plantação de árvores urbanas**: Através da análise de imagens urbanas, as CNNs identificam as melhores localizações para a plantação de árvores, tendo em conta factores como a disponibilidade de espaço e o impacto ambiental e apoiando as iniciativas de ecologização urbana.

107.	**Automatização da curadoria de conteúdos para plataformas digitais**: As CNNs ajudam as plataformas digitais a categorizar e etiquetar automaticamente o conteúdo multimédia, melhorando a capacidade de pesquisa e personalização do utilizador.

108.	**Monitorização da erosão costeira**: As CNNs processam imagens de linhas costeiras ao longo do tempo para monitorizar as taxas de erosão, apoiando a gestão costeira e as estratégias de proteção contra os impactos das alterações climáticas.

109.	**Otimização da logística da cadeia de abastecimento**: Ao analisar imagens de operações de inventário e de armazém, as CNNs optimizam a logística e a gestão da cadeia de fornecimento, prevendo a procura e automatizando os processos de inventário.

110. **Apoio à análise da saúde mental**: Em contextos terapêuticos, as CNNs analisam as expressões faciais e a linguagem corporal para fornecer informações sobre os estados emocionais dos pacientes, apoiando os profissionais de saúde mental no diagnóstico e no planeamento do tratamento.

111. **Revolucionando o retalho de moda com provadores virtuais**: As CNNs permitem soluções de prova virtual para compradores online, simulando o aspeto da roupa na imagem de uma pessoa e melhorando a experiência de compra online.

112. **Aumentar a precisão na exploração de minerais**: As CNNs analisam imagens geológicas para identificar depósitos minerais e formações geológicas, ajudando nos processos de exploração e extração.

113. **Melhorar a navegação para drones autónomos**: As CNNs processam dados visuais para permitir a prevenção de obstáculos e a otimização de rotas para drones, facilitando as aplicações em operações de entrega, vigilância e busca e salvamento.

114. **Racionalização das operações aeroportuárias**: As CNNs analisam as imagens dos pontos de controlo de segurança e das áreas de manuseamento de bagagens, melhorando a eficiência e a segurança e minimizando os atrasos nas operações aeroportuárias.

115. **Facilitar a automatização de casas inteligentes**: Ao reconhecerem objectos e actividades domésticas, as CNNs permitem que os dispositivos domésticos inteligentes automatizem tarefas e respondam ao comportamento do utilizador, melhorando a conveniência e a eficiência energética.

116. **Promover a eficiência energética nos centros de dados**: As CNNs monitorizam e analisam imagens térmicas de centros de dados para otimizar os sistemas de refrigeração, reduzindo o consumo de energia e melhorando a eficiência operacional.

117. **Melhorar a segurança pública através da análise de multidões**: As CNNs analisam imagens de espaços públicos para estimar o tamanho das multidões, detetar comportamentos anómalos e gerir a segurança pública durante eventos.

118. **Avançar a telemedicina e o diagnóstico remoto**: As CNNs interpretam imagens médicas em aplicações de telemedicina, permitindo aos profissionais de saúde diagnosticar e aconselhar os pacientes à distância.

119. **Apoio a práticas agrícolas sustentáveis**: As CNNs monitorizam a humidade do solo e a saúde das culturas a partir de imagens aéreas, orientando as práticas de irrigação e fertilização para uma agricultura sustentável.

120.   **Automatização da inspeção visual no fabrico de produtos electrónicos**: As CNNs detectam defeitos em componentes e conjuntos electrónicos com elevada precisão, assegurando o controlo de qualidade no processo de fabrico.

Aplicações alargadas: da monitorização à análise preditiva

As Redes Neuronais Convolucionais (CNN) têm várias aplicações que abrangem vários domínios, demonstrando a sua versatilidade e poder na extração de informações significativas a partir de dados visuais. Estas aplicações abrangem a monitorização de alterações físicas e ambientais e estendem-se à análise preditiva, em que o objetivo é prever eventos ou tendências futuras com base em dados actuais e históricos. Segue-se uma panorâmica das vastas aplicações das CNNs, desde a monitorização à análise preditiva:

Aplicações de monitorização

1.   **Monitorização agrícola**: As CNNs analisam imagens de satélite e de drones para monitorizar a saúde das culturas, detetar infestações de pragas e avaliar as condições de seca, ajudando os agricultores a tomar decisões informadas para maximizar o rendimento e reduzir as perdas.

2.   **Monitorização ambiental e da vida selvagem**: São utilizados em esforços de conservação para acompanhar as alterações nos habitats naturais, monitorizar as populações de animais selvagens e detetar actividades ilegais como a caça furtiva ou a desflorestação.

3.   **Infra-estruturas e desenvolvimento urbano**: As CNNs monitorizam o progresso da construção, a expansão urbana e a saúde das infra-estruturas, ajudando nos esforços de planeamento e manutenção para garantir a segurança e a eficiência.

4.   **Cuidados de saúde e imagiologia médica**: No domínio da medicina, as CNNs monitorizam as alterações nas condições dos pacientes através de imagens, permitindo a deteção precoce de doenças como o cancro e o acompanhamento da progressão das condições ao longo do tempo.

5.   **Processos industriais e de fabrico**: As CNNs monitorizam as linhas de produção e o equipamento para detetar defeitos, desgaste e anomalias operacionais, apoiando o controlo de qualidade e a manutenção preditiva para evitar períodos de inatividade.

6. **Vigilância de segurança e proteção**: Analisam feeds de vídeo em tempo real para monitorizar espaços públicos, detetar actividades suspeitas e melhorar as medidas de segurança e proteção.

Aplicações de análise preditiva

7. **Previsão de rendimento na agricultura**: Ao analisar dados históricos e actuais de imagens, as CNNs prevêem o rendimento das culturas, ajudando os agricultores e as partes interessadas a planear e a atribuir recursos.

8. **Previsão do tempo e análise climática**: As CNN processam grandes quantidades de dados de satélites meteorológicos para prever fenómenos meteorológicos e compreender os padrões climáticos, ajudando na preparação para catástrofes e na investigação ambiental.

9. **Tendências de mercado e comportamento do consumidor**: No sector do retalho e das finanças, as CNNs analisam dados visuais e históricos para prever as tendências do mercado, o comportamento dos consumidores e os movimentos das acções, apoiando as decisões empresariais estratégicas.

10. **Previsão da procura de energia**: Ao analisar imagens e dados históricos de consumo, as CNNs prevêem a procura de energia, ajudando os serviços públicos na gestão da rede e na integração de fontes de energia renováveis.

11. **Previsão de resultados de cuidados de saúde**: As CNNs prevêem a progressão da doença e os resultados dos pacientes através da análise de imagens médicas e dados dos pacientes, ajudando na medicina personalizada e no planeamento do tratamento.

12. **Planeamento do tráfego e dos transportes**: As CNNs analisam o fluxo de tráfego e os padrões de congestionamento a partir de imagens de câmaras e dados históricos para prever as condições de tráfego, apoiando o planeamento urbano e a gestão do tráfego em tempo real.

13. **Manutenção preditiva na indústria**: Ao monitorizar o equipamento e analisar os dados históricos de desempenho, as CNNs prevêem quando é provável que as máquinas falhem ou necessitem de manutenção, optimizando a eficiência operacional.

14. **Gestão da procura e do inventário de produtos**: No retalho e no comércio eletrónico, as CNNs prevêem a procura de produtos com base em tendências visuais, preferências dos clientes e padrões sazonais, optimizando a gestão do inventário e reduzindo o desperdício.

15. **Avaliação do risco de catástrofes**: As CNNs prevêem a probabilidade e o impacto das catástrofes naturais através da análise de dados geográficos e ambientais, ajudando na avaliação do risco e no planeamento da atenuação.

16. **Desempenho desportivo e previsão de resultados**: Ao analisar os movimentos dos atletas e as estatísticas do jogo, as CNNs prevêem resultados de desempenho e ajudam os treinadores no desenvolvimento de estratégias.

Fronteiras com as CNNs: As vastas aplicações das Redes Neuronais Convolucionais (CNNs), desde a monitorização à análise preditiva, apenas arranham a superfície do seu potencial. À medida que a tecnologia avança, o mesmo acontece com o âmbito dos problemas que as CNNs podem resolver, alargando as fronteiras da inovação em todos os sectores. Aqui estão outras formas de as CNNs continuarem a ter um impacto transformador:

Medicina de precisão e genómica: As CNNs estão a mergulhar profundamente na genómica e na medicina de precisão, onde analisam sequências genéticas e imagens biomédicas para identificar marcadores ligados a doenças específicas. Esta aplicação permite a personalização dos cuidados de saúde de acordo com perfis genéticos individuais, melhorando a eficácia dos tratamentos e facilitando a intervenção precoce em caso de doenças genéticas.

Robótica autónoma: Na robótica, as CNNs capacitam as máquinas com a visão para navegar e interagir autonomamente. Desde robôs de serviço em ambientes de cuidados de saúde a veículos subaquáticos autónomos que exploram as profundezas do oceano, as CNNs estão no centro dos sistemas robóticos que podem ver, compreender e agir sobre o seu ambiente, abrindo novas possibilidades de automação e assistência humana.

Realidade Aumentada e Virtual (AR/VR): As CNNs melhoram as experiências de AR e VR ao proporcionar uma compreensão de imagens e cenas em tempo real, permitindo mundos digitais mais imersivos e interactivos. Seja para jogos, educação ou reuniões virtuais, as CNNs ajudam a misturar o conteúdo digital com o mundo natural sem problemas, criando experiências mais envolventes e realistas.

Cidades inteligentes e análise urbana: As CNNs contribuem para o desenvolvimento de cidades inteligentes, analisando imagens de vários sensores e câmaras para gerir o tráfego, monitorizar espaços públicos e garantir a segurança e o bem-estar dos cidadãos. As análises urbanas com recurso às CNN podem orientar o planeamento urbano e o desenvolvimento de infra-estruturas, tornando os ambientes urbanos mais habitáveis e sustentáveis.

Exploração espacial e astronomia: A utilização de CNNs estende-se para além do nosso planeta, ajudando na análise de dados astronómicos para descobrir novos corpos celestes, compreender fenómenos cósmicos e mapear o universo. Ao processar imagens de telescópios e missões espaciais, as CNNs ajudam a desvendar os mistérios do espaço, contribuindo para a nossa compreensão do cosmos.

Património cultural e humanidades digitais: No domínio das humanidades digitais, as CNNs desempenham um papel na preservação e interpretação do património cultural. Analisam textos históricos, obras de arte e artefactos, ajudando nos esforços de restauro e oferecendo novas perspectivas sobre a história e a cultura humanas. Esta aplicação de CNNs faz a ponte entre a tecnologia e as humanidades, demonstrando o potencial interdisciplinar da IA.

Conservação ambiental e biodiversidade: As CNNs ajudam a monitorizar a biodiversidade e os ecossistemas, analisando imagens para localizar populações de espécies, alterações de habitat e ameaças ambientais. Esta aplicação é crucial para os esforços de conservação, permitindo acções específicas para proteger espécies em perigo e preservar habitats naturais face às alterações climáticas e à atividade humana.

Ciência avançada dos materiais: Na ciência dos materiais, as CNNs aceleram a descoberta e análise de novos materiais através do processamento de imagens de microscópios e outras tecnologias de imagem. Esta capacidade apoia o desenvolvimento de materiais avançados com propriedades inovadoras para utilização em energia, medicina, eletrónica e muito mais.

Ensino e aprendizagem personalizados: As CNNs adaptam os conteúdos educativos aos estilos e necessidades de aprendizagem individuais, analisando as interações dos alunos com as plataformas digitais. Esta abordagem personalizada melhora os resultados da aprendizagem, tornando a educação mais acessível e prática para diversos alunos.

IA ética e atenuação de preconceitos: À medida que as aplicações das CNNs se expandem, também aumenta o foco no desenvolvimento ético da IA e na mitigação de preconceitos. Os investigadores utilizam CNNs para identificar e corrigir enviesamentos em conjuntos de dados e modelos, assegurando que as tecnologias de IA são justas, transparentes e responsáveis. Este trabalho contínuo é fundamental para o avanço responsável das CNNs e para o seu impacto positivo na sociedade.

Perguntas e respostas

1) **Quais são os principais desafios que se colocam à produção de cacau?**

a.   Questões ambientais, económicas e sociais.

2) **Como é que as Redes Neuronais Convolucionais (CNN) oferecem soluções para os desafios das plantações de cacau?**

a. Ao fornecer soluções transformadoras através da análise avançada de imagens para deteção de doenças, previsão de rendimento e muito mais.

3) **Qual é a importância do cacau no mercado mundial?**

a. O cacau é uma atividade económica fundamental em vários países tropicais e um ingrediente primário do chocolate, o que faz dele um produto muito apreciado em todo o mundo.

4) **Quais são os principais países produtores de cacau?**

a. O documento não especifica os nomes, mas, de um modo geral, os principais países produtores de cacau são a Costa do Marfim, o Gana, a Indonésia, o Equador e a Nigéria.

5) **Quais são as etapas envolvidas na produção de cacau?**

a. Plantação, cultivo, colheita, fermentação, secagem e transformação em produtos de cacau.

6) **De acordo com o documento, que papel desempenha a CNN na agricultura?**

a. As CNNs analisam dados visuais complexos para melhorar a gestão das culturas, a deteção de doenças e a previsão do rendimento.

7) **Como se inicia o cultivo do cacau?**

a. Com a plantação de cacaueiros em climas adequados, a menos de 20 graus da linha do Equador.

8) **Qual é a fase crítica do desenvolvimento das sementes de cacau?**

a. A fermentação, que desenvolve o perfil aromático do feijão.

9) **Quais são os esforços de sustentabilidade na produção de cacau?**

a. Iniciativas para promover práticas agrícolas sustentáveis, melhorar os meios de subsistência dos agricultores e garantir práticas laborais éticas.

10) **Em que é que as CNNs diferem dos métodos tradicionais de processamento de imagem?**

a.   As CNNs aprendem e melhoram automaticamente com a experiência sem serem explicitamente programadas, o que as torna mais eficientes para tarefas complexas de análise de imagens, como as necessárias na agricultura.

11)   O que indica a natureza manual da colheita das vagens de cacau?

a.   As práticas tradicionais de cultivo do cacau exigem perícia e precisão.

12)   Que avanços tecnológicos apoiam a sustentabilidade da produção de cacau?

a.   O documento menciona a utilização de CNN, mas, de um modo geral, pode incluir agricultura de precisão, deteção remota e práticas agrícolas sustentáveis.

13)   Como é que as CNN contribuem para a deteção de doenças e pragas nas plantações de cacau?

a.   Analisando imagens para identificar e classificar com precisão os sinais de infestações de doenças e pragas.

14)   O que torna as CNNs vantajosas para a monitorização das plantações de cacau?

a.   A sua capacidade para processar e analisar grandes quantidades de dados visuais de forma rápida e precisa.

15)   Podem as CNNs prever o rendimento do cacau? Como?

a.   Analisando os padrões de dados e os indicadores fitossanitários para estimar os rendimentos futuros.

16)   Quais são os desafios envolvidos na implementação das CNN na agricultura?

a.   Recolha e rotulagem de dados, tratamento de conjuntos de dados desequilibrados e necessidade de recursos computacionais significativos.

17)   Como é que o documento sugere que se ultrapassem estes desafios?

a.   Através do aumento dos dados, da aprendizagem federada e da utilização da computação em nuvem.

18)   Qual é o impacto potencial das CNNs no futuro da produção de cacau?

a.   Aumento da eficiência, sustentabilidade e resiliência na produção de cacau através de uma melhor tomada de decisões e gestão das culturas.

19)	**Quais são as considerações éticas mencionadas para as aplicações da CNN na agricultura?**

a.	Garantir a privacidade dos dados, o acesso equitativo à tecnologia e a gestão ambiental.

20)	**De acordo com o documento, o que é necessário para integrar com êxito as CNN na monitorização das plantações de cacau?**

a.	Colaboração entre investigadores, agricultores, tecnólogos e decisores políticos para desenvolver e implementar soluções eficazes baseadas na CNN.

CAPÍTULO 2

Fundamentos da CNN no processamento de imagens para a agricultura

O Capítulo 2 estabelece as bases para a compreensão do papel das CNN no processamento de imagens agrícolas. Começa com as noções básicas de processamento de imagens, incluindo técnicas de aquisição de imagens relevantes para a agricultura e etapas de pré-processamento de imagens agrícolas. A arquitetura das CNN é depois explorada, explicando a funcionalidade das camadas convolucionais, de agrupamento e totalmente ligadas, juntamente com o papel das funções de ativação, normalização de lotes e abandono. O capítulo conclui com uma visão prática do treino de CNNs com dados agrícolas, abordando a recolha de dados, a anotação e os desafios e soluções na gestão de dados.

Noções básicas de processamento de imagens

O processamento de imagens desempenha um papel crucial na agricultura moderna, permitindo a análise visual de dados para aumentar a produtividade, monitorizar a saúde das culturas e gerir os recursos de forma eficiente. O processo começa com a aquisição de imagens utilizando várias técnicas e é seguido por uma série de passos de pré-processamento para preparar os dados para análise. Compreender estes elementos fundamentais é fundamental para tirar partido das tecnologias de processamento de imagem em aplicações agrícolas.

Técnicas de aquisição de imagens relevantes para a agricultura

Na agricultura moderna, a aquisição estratégica de imagens desempenha um papel fundamental na melhoria da gestão e da sustentabilidade das práticas agrícolas. O advento e a integração de várias técnicas de aquisição de imagens melhoraram significativamente a precisão com que os agricultores e agrónomos monitorizam a saúde das culturas, gerem os recursos e detectam sinais precoces de doenças ou infestações de pragas. Entre as técnicas fundamentais, as imagens de satélite destacam-se pela sua capacidade de cobrir vastas extensões de terras agrícolas, oferecendo informações valiosas sobre a saúde das culturas, os níveis de humidade do solo e as mudanças na utilização das terras em áreas extensas (Mustak et al., 2021). Esta visão a olho nu é complementada pela perspetiva mais granular proporcionada pela fotografia aérea e pelas imagens de drones, que, com as suas câmaras de alta resolução e sensores especializados, fornecem avaliações detalhadas das condições das culturas, permitindo a identificação precisa de problemas a uma escala muito mais fina.

Igualmente importantes são as contribuições das câmaras fixas e das redes de sensores estrategicamente colocadas dentro ou em redor dos campos para oferecer uma monitorização contínua de áreas específicas. Este fluxo contínuo de dados é crucial para acompanhar os ciclos de crescimento das culturas, as condições ambientais e a eficácia das intervenções agrícolas em tempo real. Além disso, a mobilidade proporcionada pelas câmaras móveis terrestres, quer montadas em veículos quer de mão, abre caminhos para uma inspeção minuciosa ao nível das plantas, oferecendo detalhes incomparáveis que apoiam práticas agrícolas orientadas, tais como a aplicação selectiva de pesticidas e a irrigação optimizada (Nayak et al., 2020). Sem esquecer que a omnipresente câmara do smartphone surgiu como uma ferramenta altamente acessível para a imagiologia agrícola, permitindo aos agricultores e aos trabalhadores no terreno documentar e partilhar instantaneamente imagens das condições das culturas. Esta democratização da recolha de dados promove uma abordagem mais colaborativa à resolução de problemas na agricultura, facilitando a resposta rápida a questões emergentes e a divulgação de boas práticas.

Estas diversas técnicas de aquisição de imagens constituem um conjunto abrangente de ferramentas para a agricultura moderna, cada uma delas com objectivos distintos mas complementares. Desde as percepções macroscópicas fornecidas pelas imagens de satélite até ao escrutínio detalhado permitido por drones e câmaras terrestres e à acessibilidade das imagens de smartphones, a aplicação estratégica destas tecnologias está a revolucionar a monitorização e a gestão agrícola (Najjar, 2023a, 2023b). Ao aproveitar o poder destas técnicas de imagiologia em conjunto com modelos avançados de análise de dados e de aprendizagem automática, o sector agrícola está preparado para dar passos significativos em termos de produtividade, sustentabilidade e eficiência de recursos, marcando uma nova era de agricultura de precisão informada, reactiva e orientada para o futuro.

Com a revolução tecnológica na agricultura, a relação sinérgica entre técnicas avançadas de aquisição de imagens e ferramentas analíticas sofisticadas, como as Redes Neuronais Convolucionais (CNN), torna-se cada vez mais fundamental. Esta fusão aumenta a capacidade de monitorização agrícola precisa e abre caminho à análise preditiva, oferecendo uma visão antecipada de potenciais desafios e permitindo uma ação preventiva. A evolução contínua das tecnologias de imagem, juntamente com os avanços da inteligência artificial, está a preparar o terreno para uma transformação sem precedentes na forma como abordamos a agricultura e a gestão dos solos.

A integração de imagens pormenorizadas e de alta resolução de drones e câmaras terrestres com a cobertura expansiva oferecida pelas imagens de satélite proporciona uma perspetiva a vários níveis das terras agrícolas. Este conjunto de dados visuais abrangente capta as nuances do crescimento das culturas, da saúde e dos factores de stress ambiental com uma clareza notável. Quando processados através de CNNs e de outros algoritmos de aprendizagem automática, estes dados revelam padrões e percepções anteriormente obscurecidos ou para além da capacidade analítica humana. Por exemplo, os modelos preditivos podem agora prever com exatidão o rendimento das colheitas, identificar áreas em risco de infestação por pragas antes de surgirem sinais visíveis e recomendar épocas de colheita ideais, tudo isto adaptado às condições específicas de cada parcela de terreno (Najjar, 2023c).

Além disso, o advento do processamento e análise de imagens em tempo real anuncia uma nova era de gestão agrícola dinâmica. Os agricultores podem receber alertas instantâneos nos seus smartphones sobre alterações na saúde das culturas ou nas condições ambientais, o que lhes permite tomar decisões informadas no local. Este ciclo de feedback em tempo real conserva os recursos, direcionando as intervenções para onde são mais necessárias, e minimiza o risco de fracasso das colheitas, aumentando a produtividade e a sustentabilidade globais.

O papel das câmaras dos smartphones neste ecossistema tecnológico não pode ser sobrestimado. Enquanto ferramenta de recolha de dados em grupo, os smartphones permitem que os agricultores de todo o mundo participem em estudos agrícolas em grande escala, contribuam para bases de dados de doenças e pragas e acedam a ferramentas de diagnóstico e a aconselhamento especializado. Esta abordagem de inteligência colectiva promove uma comunidade agrícola mais resistente e adaptável, capaz de enfrentar os desafios das alterações climáticas e de alimentar uma população mundial em crescimento. Olhando para o futuro, as aplicações potenciais da aquisição e processamento avançados de imagens na agricultura são ilimitadas. Inovações como a imagiologia hiperespectral, que capta dados para além do espetro visível, poderão desbloquear novas dimensões da monitorização das culturas, revelando informações sobre a fisiologia das plantas, os níveis de stress hídrico e as deficiências de nutrientes com um detalhe sem precedentes. À medida que estas tecnologias continuam a evoluir e a tornar-se mais acessíveis, desempenharão, sem dúvida, um papel central na definição do futuro da agricultura (Lutz, 2019).

Esta revolução tecnológica em curso, caracterizada pela integração da aquisição de imagens e de análises avançadas, está a transformar a agricultura num sector mais orientado para os dados e para a precisão e a criar um precedente para práticas sustentáveis. A capacidade de monitorizar e gerir meticulosamente os recursos agrícolas através destas tecnologias responde a vários desafios críticos que o sector agrícola enfrenta atualmente, incluindo a escassez de água, a degradação ambiental e o aumento da produção para alimentar uma população global em crescimento.

Um dos aspectos mais interessantes da utilização de imagens e análises avançadas na agricultura é o potencial para melhorar significativamente as práticas agrícolas sustentáveis. Por exemplo, os sistemas de irrigação de precisão, alimentados por conhecimentos derivados de imagens de satélite e de drones analisadas através de CNNs, podem reduzir drasticamente o consumo de água, adaptando os horários e as quantidades de rega às necessidades exactas de cada cultura. Do mesmo modo, a aplicação direcionada de pesticidas e nutrientes, informada por dados de imagem detalhados, minimiza o impacto ambiental e reduz os custos dos factores de produção, ao mesmo tempo que garante que as culturas recebem exatamente o que necessitam para prosperar.

Para além da gestão imediata das culturas, os dados pormenorizados fornecidos por estas tecnologias também alimentam os avanços na investigação genética e no melhoramento das culturas. Os investigadores podem identificar caraterísticas genéticas associadas a resultados desejáveis, analisando as expressões fenotípicas de diferentes variedades de culturas em várias condições, como a tolerância à seca ou a resistência a doenças. Isto acelera a criação de variedades de culturas melhoradas, garantindo a resiliência contra as alterações climáticas e aumentando a segurança alimentar (Huang & Zheng, 2022).

A proliferação de dados de imagem na agricultura também contribui para um repositório crescente de "grandes volumes de dados", abrangendo informações detalhadas sobre a saúde das culturas, taxas de rendimento, condições ambientais e muito mais. Combinados com outras fontes de dados, como padrões climáticos, dados do solo e tendências de mercado, estes dados criam uma rica tapeçaria de inteligência agrícola global. A análise avançada e os modelos de IA podem explorar estes dados para obter informações, prevendo os desafios do abastecimento alimentar global, informando as decisões políticas e orientando os esforços de ajuda internacional.

À medida que os custos dos drones e das imagens de satélite continuam a diminuir e a disponibilidade de software de código aberto para processamento de imagens e aprendizagem automática aumenta, estas ferramentas agrícolas avançadas estão a tornar-se mais acessíveis aos agricultores de todo o mundo, incluindo os dos países em desenvolvimento. Esta democratização da tecnologia tem o potencial de nivelar o campo de ação, permitindo que os pequenos agricultores beneficiem de técnicas de agricultura de precisão tradicionalmente disponíveis apenas para operações de maior dimensão. As tecnologias móveis, em particular, oferecem uma porta de entrada para fornecer informações acionáveis diretamente nas mãos dos agricultores, permitindo-lhes tomar decisões informadas que aumentam a produtividade e a sustentabilidade.

Apesar dos avanços promissores, continuam a existir desafios à plena concretização do potencial destas tecnologias. A privacidade dos dados, a propriedade e o fosso digital entre regiões e comunidades agrícolas devem ser abordados para garantir um acesso e benefícios equitativos. Além disso, a investigação e o desenvolvimento contínuos são essenciais para aperfeiçoar estas tecnologias, melhorar a sua precisão e usabilidade e explorar novas aplicações que beneficiem ainda mais o sector agrícola (Stahl et al., 2023).

A integração de técnicas de aquisição de imagens com análises avançadas e aprendizagem automática, em particular as CNN, está a conduzir a uma mudança de paradigma na agricultura, no sentido de práticas mais sustentáveis, eficientes e produtivas. À medida que enfrentamos os desafios e as oportunidades que se avizinham, a inovação e a aplicação contínuas destas tecnologias prometem transformar a agricultura num pilar mais resiliente e sustentável da segurança alimentar mundial. O caminho a percorrer exigirá a colaboração entre sectores, disciplinas e fronteiras para aproveitar todo o potencial da agricultura baseada em dados em benefício da humanidade e do planeta.

Etapas de pré-processamento de imagens agrícolas

Os passos de pré-processamento são cruciais na preparação de imagens agrícolas para análise com Redes Neuronais Convolucionais (CNN). Estes passos melhoram a qualidade da imagem, asseguram a consistência entre conjuntos de dados e realçam caraterísticas relevantes para previsões e classificações exactas. Aqui está um resumo das etapas comuns de pré-processamento adaptadas para imagens agrícolas antes de serem inseridas nas CNNs:

1. Corte e redimensionamento de imagens

• **Objetivo**: Concentrar-se na região de interesse (ROI) através da remoção de partes irrelevantes da imagem e da normalização do tamanho da imagem para a entrada da CNN.

• **Aplicação**: O recorte pode isolar áreas específicas, como plantas ou parcelas individuais, enquanto o redimensionamento assegura que todas as imagens introduzidas na CNN têm as mesmas dimensões, um requisito para a maioria das arquitecturas de redes neuronais.

2. Conversão do espaço de cor

* **Objetivo**: Transformar a imagem de um espaço de cor para outro, realçando determinadas caraterísticas importantes para a tarefa agrícola específica.

* **Aplicação**: A conversão de imagens RGB em espaços de cor HSV (Hue, Saturation, Value) ou CIELAB pode facilitar a identificação de doenças das plantas, níveis de stress ou deficiências de nutrientes, uma vez que estes espaços de cor podem realçar melhor os contrastes do que o espaço de cor RGB.

3. Normalização e padronização

* **Objetivo**: escalar os valores de pixéis para um intervalo padrão, melhorando a estabilidade e o desempenho da formação de modelos.

* **Aplicação**: Os valores de pixéis são muitas vezes escalados para um intervalo entre 0 e 1 ou normalizados para terem uma média de 0 e um desvio padrão de 1. Isto ajuda a CNN a aprender de forma mais eficiente, fornecendo entradas dentro de um intervalo consistente.

4. Redução do ruído

* **Objetivo**: Reduzir variações indesejadas (ruído) na imagem que podem obscurecer ou distorcer as caraterísticas de interesse.

* **Aplicação**: Técnicas como a desfocagem Gaussiana ou a filtragem mediana podem suavizar a imagem, reduzindo o impacto do ruído do ambiente, do sensor da câmara ou de outras fontes.

5. Técnicas de melhoramento

* **Objetivo**: Melhorar o contraste da imagem e realçar caraterísticas, facilitando a deteção de padrões pela CNN.

* **Aplicação**: A equalização do histograma ou o alongamento do contraste podem melhorar o contraste geral da imagem, enquanto técnicas como o melhoramento dos bordos podem tornar os limites entre as caraterísticas mais distintos.

6. Aumento da imagem

* **Objetivo**: Expandir artificialmente o conjunto de dados de treino e aumentar a robustez do modelo a variações nos dados de entrada.

* **Aplicação**: A aplicação de transformações aleatórias como rotação, inversão, escala e corte gera novos exemplos de treino, ajudando a CNN a generalizar melhor para

imagens não vistas. Isto é particularmente útil na agricultura, onde as variações de iluminação, condições climatéricas e fases de crescimento das plantas são comuns.

7. Deteção e segmentação de margens

- **Objetivo**: Identificar os bordos dos objectos na imagem e segmentar a imagem em diferentes regiões com base em determinados critérios.

- **Aplicação**: Os algoritmos de deteção de bordos, como Canny ou Sobel, podem delinear as formas das plantas ou das folhas, enquanto as técnicas de segmentação podem separar as culturas do fundo ou distinguir entre diferentes tipos de vegetação.

8. Correcções geométricas

- **Objetivo**: Corrigir as distorções causadas por ângulos de câmara, efeitos de lente ou variações topográficas.

- **Aplicação**: A aplicação de correcções geométricas ou transformações de homografia garante que as imagens representam com precisão a disposição física dos campos agrícolas, o que é importante para tarefas como a cartografia ou a estimativa de rendimento.

9. Normalização de dados entre diferentes fontes

- **Objetivo**: Garantir a coerência das imagens adquiridas de diferentes fontes, como vários tipos de drones, satélites ou câmaras terrestres, que podem ter diferentes resoluções, perfis de cor e caraterísticas ópticas.

- **Aplicação**: A implementação de um protocolo de normalização que inclua ajustes para o equilíbrio de cores, escala de resolução e alinhamento pode ajudar a criar um conjunto de dados coeso que represente com exatidão os temas agrícolas de interesse, apesar da diversidade de fontes de imagem.

10. Tratamento de dados em falta

- **Objetivo**: colmatar lacunas ou dados em falta nas imagens, que podem ocorrer devido a oclusões, sombras ou problemas técnicos durante a captura de imagens.

- **Aplicação**: Técnicas como inpainting ou modelos generativos podem preencher os dados em falta com base no contexto fornecido pelos pixéis circundantes, garantindo que a CNN tem um conjunto de dados completo para aprender.

11. Remoção de sombras

- **Objetivo**: Eliminar sombras que possam obscurecer pormenores importantes ou introduzir preconceitos na análise.

- **Aplicação**: A aplicação de técnicas de processamento de imagem que diferenciam entre sombras e os objectos que as projectam, e que depois ajustam o brilho e o contraste nas áreas sombreadas, pode melhorar a visibilidade de caraterísticas críticas para a avaliação agrícola.

12. Correção da reflectância

- **Objetivo**: Corrigir as variações na iluminação e na reflectância, que podem afetar a aparência das culturas e do solo nas imagens, especialmente as tiradas a diferentes horas do dia ou em condições meteorológicas variáveis.

- **Aplicação**: A utilização de modelos que estimam e ajustam as propriedades de reflexão das superfícies fotografadas garante que a CNN recebe dados que reflectem com precisão as propriedades intrínsecas do cenário agrícola, independentemente das condições de iluminação externas.

13. Anotação e rotulagem

- **Objetivo**: Fornecer dados exactos para tarefas de aprendizagem supervisionada, em que a CNN é treinada para reconhecer condições, objectos ou padrões específicos em imagens.

- **Aplicação**: As ferramentas de anotação manuais ou semi-automatizadas permitem a rotulagem precisa de imagens com categorias ou atributos relevantes para tarefas agrícolas, como a identificação de espécies vegetais, a presença de doenças ou o estado das culturas. Esta etapa é crucial para treinar a CNN a realizar tarefas específicas de classificação ou deteção com precisão.

14. Processamento de lotes e sequenciação de imagens

- **Objetivo**: Preparar imagens para as CNN processarem eficientemente, especialmente quando se trata de dados de séries temporais ou de grandes conjuntos de dados.

- **Aplicação**: A organização de imagens em lotes ou sequências que representam desenvolvimentos temporais no crescimento de culturas ou alterações ambientais pode facilitar a análise de tendências e padrões ao longo do tempo, permitindo à CNN aprender com dados espaciais e temporais.

15. Calibração através de vários sensores

- **Objetivo**: Harmonizar os dados quando as imagens são recolhidas a partir de vários sensores com caraterísticas diferentes, assegurando que a análise se baseia em métricas comparáveis.

- **Aplicação**: As técnicas de calibração ajustam os desvios específicos dos sensores, as diferenças de escala e as respostas espectrais, que são particularmente importantes na imagiologia multiespectral e hiperespectral utilizada na agricultura de precisão. Este passo é crucial para integrar diversas fontes de dados num quadro analítico unificado, permitindo às CNNs interpretar e aprender com um conjunto de dados coeso que reflecte com precisão o ambiente agrícola.

16. Seleção da banda espetral

- **Objetivo**: Identificar e utilizar as bandas espectrais mais informativas para a tarefa agrícola específica em causa, aumentando a capacidade da CNN para detetar variações subtis na saúde das culturas, nos níveis de humidade ou nas condições do solo.

- **Aplicação**: A seleção de bandas espectrais óptimas a partir de imagens multiespectrais ou hiperespectrais centra a análise nos comprimentos de onda mais relevantes para as variáveis-alvo, como o teor de clorofila para a saúde das plantas ou as bandas de absorção de água para a avaliação da humidade. Esta abordagem direcionada reduz a carga computacional e melhora o desempenho do modelo ao concentrar-se nos aspectos mais informativos dos dados.

17. Engenharia e extração de caraterísticas

- **Objetivo**: Transformar dados de imagem em bruto num formato ou representação que destaque informações relevantes, tornando-os mais acessíveis para análise CNN.

- **Aplicação**: Técnicas como a análise de componentes principais (PCA) ou a análise de texturas extraem caraterísticas que representam aspectos-chave do cenário agrícola, como a densidade das culturas ou variações de textura indicativas de doenças. Este passo de pré-processamento pode melhorar significativamente a capacidade do modelo para aprender com os dados, realçando caraterísticas estreitamente ligadas aos resultados agrícolas de interesse.

18. Integração de dados temporais

- **Objetivo**: Incorporar a dinâmica temporal na análise da CNN, captando as alterações que são fundamentais para compreender o desenvolvimento das culturas, as variações sazonais e as tendências a longo prazo.

- **Aplicação**: O empilhamento ou sequenciação de imagens de diferentes pontos temporais permite às CNNs analisar padrões temporais, tais como fases fenológicas, taxas de crescimento ou a progressão de surtos de doenças. Esta abordagem permite a modelação preditiva e a análise de séries temporais, fornecendo informações sobre condições futuras e apoiando decisões de gestão proactivas.

19. Aumento de dados para acontecimentos raros

- **Objetivo**: Aumentar artificialmente a representação de acontecimentos raros mas importantes, tais como infestações específicas de pragas ou condições climáticas invulgares, melhorando a capacidade da CNN para reconhecer e responder a estas ocorrências.

- **Aplicação**: A geração de imagens sintéticas através de técnicas como a manipulação de imagens, a simulação ou as redes adversárias generativas (GAN) alarga o conjunto de dados de formação de modo a incluir eventos mais raros, melhorando a robustez do modelo e reduzindo a probabilidade de ignorar questões críticas.

20. Integração com dados que não são de imagem

- **Objetivo**: Enriquecer a análise da CNN através da incorporação de tipos de dados adicionais, como dados meteorológicos, medições do solo ou registos agronómicos, proporcionando uma visão mais abrangente do sistema agrícola.

- **Aplicação**: A combinação de dados de imagem com outros dados agrícolas relevantes num quadro de aprendizagem multimodal permite que as CNNs considerem uma gama mais vasta de factores que influenciam a saúde e a produtividade das culturas. Esta abordagem holística aproveita os pontos fortes de diversas fontes de dados, permitindo previsões mais exactas e uma compreensão diferenciada dos fenómenos agrícolas.

21. Garantir a privacidade e a segurança dos dados

- **Objetivo**: Proteger informações sensíveis em imagens agrícolas, especialmente quando são utilizados dados obtidos por crowdsourcing ou imagens captadas por drones, abordando preocupações relacionadas com a privacidade das explorações agrícolas e a segurança dos dados.

- **Aplicação**: Implementar encriptação, protocolos seguros de armazenamento e transmissão de dados e técnicas de anonimização, sempre que necessário, para manter a privacidade e a segurança dos dados. Este passo é crucial para criar a confiança das partes interessadas e cumprir as normas legais e éticas.

22. Processamento e armazenamento baseados na nuvem

• **Objetivo**: Tirar partido dos recursos de computação em nuvem para armazenar e processar grandes conjuntos de dados, permitindo uma análise escalável e eficiente sem uma infraestrutura local extensa.

• **Aplicação**: A utilização de plataformas em nuvem permite o tratamento sem problemas de grandes quantidades de dados de imagem, fornecendo o poder computacional necessário para tarefas intensivas de pré-processamento e treino de CNN. As soluções baseadas na nuvem também facilitam a partilha e a colaboração entre investigadores e profissionais em diferentes locais.

23. Controlo de qualidade e validação

• **Objetivo**: Garantir a fiabilidade e a precisão das imagens pré-processadas antes de serem utilizadas para a formação ou análise de CNN, minimizando o risco de erros ou enviesamentos que possam afetar os resultados.

• **Aplicação**: O estabelecimento de protocolos de controlo de qualidade, como a inspeção manual de um subconjunto de imagens ou verificações automatizadas de problemas comuns, ajuda a validar os passos de pré-processamento. A validação cruzada com dados verídicos ou avaliações de especialistas também garante que as fotografias representam com exatidão as condições agrícolas.

24. Adaptação à variabilidade das práticas agrícolas

• **Objetivo**: Ter em conta a grande variabilidade das práticas agrícolas, dos tipos de culturas e das condições ambientais nas diferentes regiões e sistemas agrícolas, assegurando que os modelos da CNN sejam generalizáveis e aplicáveis em diversos contextos.

• **Aplicação**: A personalização das etapas de pré-processamento para refletir as caraterísticas específicas do sistema agrícola alvo, como o ajuste das conversões de espaço de cor para diferentes tipos de culturas ou a adaptação das técnicas de redução de ruído aos problemas típicos de qualidade de imagem encontrados num determinado contexto, aumenta a relevância e a aplicabilidade da análise CNN.

25. Refinamento iterativo e circuitos de feedback

• **Objetivo**: Melhorar continuamente a qualidade e a eficácia do pré-processamento de imagens através do feedback das fases de análise subsequentes e dos resultados reais, promovendo um ciclo de melhoria contínua.

- • **Aplicação**: A incorporação de mecanismos de feedback que permitam ajustar os parâmetros de pré-processamento com base no desempenho do modelo, nos resultados da análise ou nos contributos do utilizador garante que as etapas de pré-processamento permanecem alinhadas com as necessidades e objectivos em evolução da monitorização e gestão agrícola. Esta abordagem iterativa facilita o aperfeiçoamento das técnicas ao longo do tempo, conduzindo a melhorias incrementais em termos de precisão e eficiência.

Integração avançada com dispositivos IoT: A integração do pré-processamento de imagens e da análise CNN com dispositivos da Internet das Coisas (IoT) na agricultura pode revolucionar os sistemas de monitorização e gestão em tempo real. Os dispositivos IoT com câmaras e sensores ambientais poderiam recolher continuamente dados sobre as condições das culturas, os níveis de humidade do solo e as variáveis climáticas. Técnicas avançadas de pré-processamento garantiriam que os dados fossem optimizados para análise, permitindo que as CNNs fornecessem instantaneamente informações úteis. Esta integração perfeita poderia facilitar as práticas de agricultura de precisão a uma escala sem precedentes, optimizando a utilização de recursos e as estratégias de intervenção com um nível de precisão e oportunidade nunca antes possível.

Utilização da computação de ponta: À medida que o volume de dados gerados pela imagiologia agrícola aumenta, a computação periférica apresenta uma solução promissora para processar esta informação mais perto da fonte. Ao efetuar o pré-processamento de imagens e a análise CNN inicial diretamente em dispositivos periféricos, como drones ou sensores baseados no campo, os agricultores e agrónomos poderiam obter informações imediatas sem a latência associada à transmissão de dados para sistemas baseados na nuvem. Esta abordagem melhoraria a eficiência da análise de dados e reduziria os requisitos de largura de banda para a transmissão de dados, tornando as técnicas avançadas de imagiologia e análise mais acessíveis e práticas para utilização em ambientes remotos ou com recursos limitados.

Desenvolvimento de algoritmos auto-aperfeiçoáveis: O recurso à aprendizagem automática, não só para a análise de imagens agrícolas, mas também para a melhoria contínua das próprias técnicas de pré-processamento, pode levar ao desenvolvimento de algoritmos auto-aperfeiçoáveis. Estes sistemas ajustariam automaticamente os parâmetros de pré-processamento com base no desempenho da análise CNN e no feedback dos resultados do mundo real. Esses algoritmos adaptativos poderiam otimizar-se a si próprios ao longo do tempo, tornando-se mais eficazes a realçar as caraterísticas relevantes das imagens e a remover o ruído ou outras distorções, aumentando assim a precisão e a fiabilidade da análise baseada na CNN. (Stahl et al., 2023)

IA ética e modelos explicáveis: À medida que as CNNs se tornam mais importantes para a tomada de decisões na agricultura, será crucial garantir a utilização ética da IA e desenvolver modelos explicáveis. As técnicas de pré-processamento devem ser concebidas para evitar a introdução de preconceitos que possam distorcer os resultados da análise, e os modelos CNN devem ser transparentes na forma como interpretam e analisam as imagens. Este enfoque na ética da IA explica de que forma esta poderia criar confiança entre as partes interessadas, garantir um acesso equitativo aos benefícios tecnológicos e fornecer informações sobre o processo de tomada de decisões, permitindo aos utilizadores compreender e validar a análise fornecida pelas CNN.

Arquitetura das CNNs

As redes neuronais convolucionais (CNN) são uma classe de redes neuronais profundas amplamente utilizadas no reconhecimento de imagens, na classificação de imagens, na deteção de objectos e em muitas outras áreas que envolvem dados visuais. A arquitetura das CNN foi concebida para aprender automaticamente e de forma adaptativa hierarquias espaciais de caraterísticas a partir de imagens de entrada. Vamos analisar os principais componentes e conceitos:

Compreender as camadas: Convolucional, Pooling, Totalmente conectado

As redes neuronais convolucionais (CNN) - ou convents, para abreviar - alcançaram nos últimos anos resultados que anteriormente eram considerados puramente humanos. Neste capítulo, apresentamos as CNNs e, para isso, começamos por considerar as redes neurais normais e a forma como estes métodos são treinados. Depois de introduzir a convolução, apresentamos as CNNs. Estas são muito semelhantes às redes neuronais normais, uma vez que também são constituídas por neurónios com pesos aprendíveis. Mas, ao contrário das MLP, as CNN partem do pressuposto explícito de que as entradas têm estruturas específicas, como as imagens. Isto permite codificar esta propriedade na arquitetura, partilhando os pesos para cada localização na imagem e fazendo com que os neurónios respondam apenas localmente.

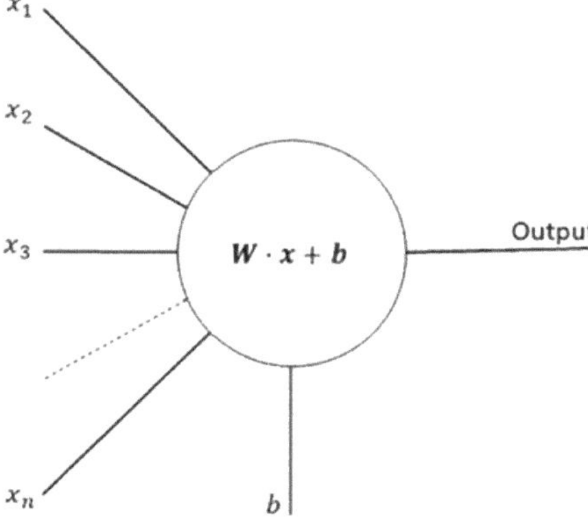

Figura 1 Versão esquemática do neurónio.

Redes neuronais

Para compreender as redes neuronais convolucionais, é necessário dar um passo atrás e analisar primeiro as redes neuronais normais. A maioria dos conceitos pode ser facilmente explicada com recurso a estas redes mais simples. O desenvolvimento inicial destas redes tem origem no trabalho de Frank Rosenblatt sobre os perceptrões e começa com a definição de neurónio. Matematicamente, um neurónio é uma não linearidade aplicada a uma função afim. As caraterísticas de entrada $x = (x_1, x_2, \ldots, x_n)$ são passadas através de uma função afim composta por uma não-linearidade ϕ:

$$(x) = \phi \qquad W x_{ii} + b = \phi(W \cdot x + b)$$

Com determinados *pesos* W e *polarização* b. Esquematicamente, isso é representado na Fig. 20.1. Uma não linearidade típica, ou *função de ativação,* é a *sigmoide* definida por

$$\sigma(x) = \frac{1}{1 + e^{-x}}.$$

Há muitas opções para essas não-linearidades; serão dadas diferentes opções quando discutirmos as CNN.

Uma rede neuronal deste tipo pode ser modelada como um conjunto de neurónios ligados num gráfico acíclico. Ou seja, a saída de alguns dos neurónios torna-se entrada para outros neurónios e são proibidos os ciclos em que a saída de um neurónio é mapeada para uma entrada intermédia anterior. Normalmente, estes neurónios estão organizados em camadas de neurónios. Uma rede deste tipo é constituída por uma camada de entrada, uma ou mais *camadas ocultas* e uma camada de saída. Em contraste com as camadas ocultas, a camada de saída geralmente não tem

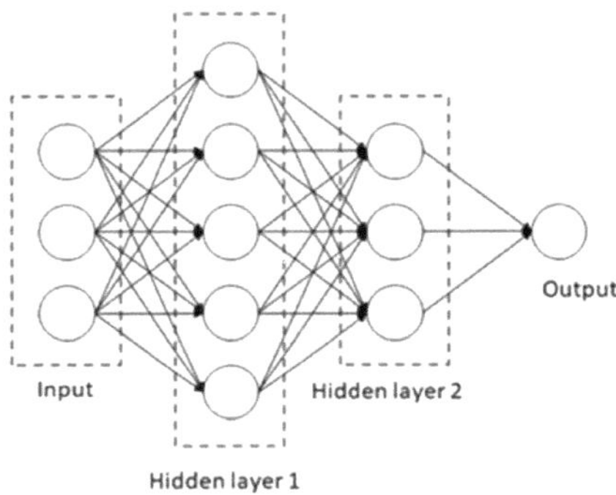

Fonte: (Zirar et al., 2023)

Figura 2. Uma rede neural de 3 camadas tem três entradas, duas camadas ocultas de 5 e 3 neurónios e uma camada de saída. Note-se que, em ambos os casos, existem ligações entre neurónios através das camadas, mas não dentro de uma camada.

Uma função de ativação. Estas redes são designadas por Perceptron Multilinear (MLP) ou, mais raramente, por Redes Neuronais Artificiais (RNA). Se quisermos ser mais explícitos quanto ao número de camadas, podemos referir-nos a uma rede deste tipo como uma rede de N camadas, em que N representa o número de camadas, excluindo a camada de entrada. A Fig.1 apresenta um exemplo. Para utilizar uma rede neuronal na previsão, é necessário encontrar os valores adequados para os parâmetros *(W, b)* e definir uma função para mapear a saída da rede neuronal para uma previsão; esta pode, por exemplo, ser uma classe (ou seja, maligna ou benigna) ou um valor real no caso de um problema de regressão. Esses parâmetros são os chamados *parâmetros treináveis,* e o número desses parâmetros serve como uma métrica para o tamanho (ou capacidade) da rede neural. No exemplo da Fig. 2, existem 8 neurónios, em que as camadas ocultas têm 3 - 5 e 5 - 3 pesos e 5 e 3 polarizações, respetivamente. A camada de saída tem 3 pesos e 1 polarização. No total, essa rede tem 27 parâmetros que podem ser aprendidos. Nas arquitecturas modernas de redes neuronais, estes números podem atingir os milhões.

Tal como referido, a camada de saída não tem normalmente uma função de ativação porque a camada de saída é frequentemente utilizada para representar, por exemplo, as pontuações das classes através de uma função softmax, que discutiremos em mais pormenor adiante, ou outro objetivo de valor real no caso da regressão.

1. Camada convolucional

- **Objetivo**: O principal objetivo das camadas convolucionais é detetar conjunções locais de caraterísticas da camada anterior, mapeando o seu aspeto para um mapa de caraterísticas. Isto é conseguido através da utilização de núcleos ou filtros que podem ser aprendidos e que se convoluem em torno da imagem de entrada ou do mapa de caraterísticas anterior, captando caraterísticas espaciais como arestas, texturas ou padrões mais complexos em camadas mais profundas.

- **Funcionamento**: Durante a operação de convolução, cada filtro desliza através da imagem de entrada (ou mapa de caraterísticas) em passos largos, calculando produtos de pontos entre as entradas do filtro e a entrada em qualquer posição, gerando um mapa de caraterísticas. Este processo ajuda a preservar a relação espacial entre os pixéis.

2. Camada de agrupamento (subamostragem ou amostragem descendente)

- **Objetivo**: As camadas de agrupamento são utilizadas para reduzir as dimensões dos mapas de caraterísticas, reduzindo assim o número de parâmetros e cálculos na rede. Isto ajuda a detetar caraterísticas que são invariáveis a alterações de escala e orientação.

- **Tipos**: O tipo mais comum de agrupamento é o agrupamento máximo, que reduz a entrada tomando o valor máximo ao longo de uma janela espacial. O agrupamento médio, que obtém a média dos valores numa janela, é outra forma de agrupamento.

3. Camada totalmente conectada (FC)

- **Objetivo**: Após várias camadas convolucionais e de agrupamento, o raciocínio de alto nível na rede neuronal é efectuado através de camadas totalmente ligadas. Os neurónios de uma camada totalmente ligada têm ligações completas a todas as activações da camada anterior, como acontece nas redes neuronais normais. Esta parte da rede utiliza as caraterísticas filtradas de alto nível das camadas anteriores para aprender combinações não lineares que são úteis para a tarefa de classificação.

- **Funcionamento**: Cada neurónio na camada FC calcula uma soma ponderada de todas as suas entradas, aplica uma polarização e, opcionalmente, segue-a com uma não-linearidade.

Funções de ativação

• **Função**: As funções de ativação introduzem propriedades não lineares na rede, permitindo-lhe aprender representações de dados mais complexas. Sem as não-linearidades, a rede comportar-se-ia como uma única camada linear, independentemente da sua profundidade.

• **Tipos comuns**: A Unidade Linear Rectificada (ReLU) é a função de ativação mais utilizada nas CNNs porque ajuda a ultrapassar o problema do gradiente de desaparecimento. Outras funções incluem sigmoide, tanh e Leaky ReLU.

Normalização de lotes

• **Objetivo**: A normalização em lote é uma técnica que permite fornecer a qualquer camada de uma rede neuronal entradas com média zero/desvio unitário, ajudando a estabilizar o processo de aprendizagem e reduzindo drasticamente o número de épocas de treino necessárias para treinar redes profundas.

• **Funcionamento**: Normaliza a saída de uma camada de ativação anterior, subtraindo a média do lote e dividindo-a pelo desvio padrão do lote.

Abandono

• **Objetivo**: O abandono é uma técnica de regularização utilizada para evitar o sobreajuste em redes neuronais. O abandono aleatório (ou seja, a definição de zero) de várias caraterísticas de saída da camada durante o treinamento força a rede a não depender de uma única caraterística, tornando o modelo mais robusto.

• **Funcionamento**: Durante o treino, os neurónios selecionados aleatoriamente são ignorados ou "abandonados" em cada passo, reduzindo a dependência do conjunto de treino ao aproximar a média de um grande número de diferentes arquitecturas de redes neuronais.

Com base na explicação anterior, vamos explorar em profundidade a matemática e as fórmulas subjacentes aos componentes das Redes Neuronais Convolucionais (CNN).

1. Camada convolucional

A operação convolucional pode ser representada matematicamente como:

$$(f \phi\, g)(t) = \int_{-\infty}^{\infty} f(\tau) g(t-\tau) d\tau$$

Para funções discretas, como imagens em CNNs, esta fórmula é adaptada para:

$$(I \phi\, K)(i,j) = \sum_m \sum_n I(m,n) K(i-m, j-n)$$

onde I é a imagem de entrada, K é o kernel ou filtro e (i,j) são as coordenadas no mapa de caraterísticas de saída.

2. Camada de pooling

Uma operação comum, max pooling, opera num tamanho de janela e num stride especificados. Para uma operação de max pooling 2x2, a saída na posição (i,j) é dada por:

$$\max P(i,j)=\max(I[si:si+2,sj:sj+2])$$

onde s é a passada e I é a entrada para a camada de agrupamento. Esta operação reduz o tamanho espacial do mapa de caraterísticas de entrada para metade se a passada for definida para 2.

3. Camada totalmente conectada (FC)

O funcionamento de uma camada totalmente ligada pode ser descrito da seguinte forma:

$$y=Wx+b$$

em que x é o vetor de entrada, W é a matriz de pesos, b é o vetor de polarização e y é o vetor de saída. Uma função de ativação f segue-se a isto, pelo que a saída final se torna:

$$z=f(Wx+b)$$

Funções de ativação

- **ReLU (Unidade Linear Rectificada)**: É definida como max $(0,)$ $f(x)=\max(0, x)$. Esta função retém apenas os valores positivos e define os valores negativos como zero.

- **Sigmoide**: A função sigmoide é definida como $11+-f(x)=1+e-x1$. Esmaga a sua entrada para variar entre 0 e 1, tornando-a útil para a classificação binária.

- **Tanh**: A função tangente hiperbólica é definida como tanh $f(x)=\tanh(x)=ex+e-xex-e-x$ *produzindo* valores entre -1 e 1.

Normalização de lotes

A fórmula para a normalização do lote para uma entrada x num mini-lote é

$$2+x^\wedge(k)=\sigma B2+\epsilon x(k)-\mu B$$

Onde μB é a média do mini-lote, $2\sigma B2$ é a variância do mini-lote e ϵ é uma pequena constante adicionada para estabilidade numérica. Esta entrada normalizada é então escalada e deslocada por parâmetros aprendíveis γ e β, ou seja, $^\wedge+y(k)=\gamma x^\wedge(k)+\beta$.

Abandono

Durante o treino, o abandono é aplicado definindo aleatoriamente uma fração p de unidades de entrada como 0 em cada atualização durante o tempo de treino, o que pode ser representado como:

$$\sim \text{Bernoulli}(rj(l) \sim \text{Bernoulli}(p)$$

Onde $rj(l)$ é um neurónio de mascaramento com probabilidade p de ser mantido. A saída torna-se então:

$$y(l) = r(l)\phi\, x(l)$$

onde $**$ denota a multiplicação por elementos, $(x(l)$ é o vetor de entrada para a camada l, e $y(l)$ é o vetor de saída após a aplicação do dropout.

Estas formulações e operações matemáticas permitem que as CNNs efectuem a extração e transformação de caraterísticas complexas, conduzindo a modelos poderosos capazes de compreender e interpretar grandes quantidades de dados visuais.

Descida de gradiente e retropropagação

O treinamento das CNNs envolve o ajuste dos pesos da rede para minimizar a função de perda, que quantifica a diferença entre as saídas previstas e os rótulos reais. Este processo é facilitado pela descida de gradiente e suas variantes, juntamente com a retropropagação, para calcular gradientes de forma eficiente.

- **Gradiente Descendente**: Os pesos são actualizados na direção oposta ao gradiente da função de perda em relação aos pesos. Para pesos W e bias b, as actualizações podem ser matematicamente representadas como:

$$W: = W - \alpha\partial W\partial L \quad \partial\partial b: = b - \alpha\partial b\partial L$$

em que α é a taxa de aprendizagem e L representa a função de perda.

- **Retropropagação**: Este algoritmo calcula o gradiente da função de perda em relação aos pesos da rede, aplicando a regra da cadeia de cálculo, propagando o gradiente de erro para trás através da rede.

Funções de perda

A escolha da função de perda depende da tarefa específica (por exemplo, classificação, regressão). As funções de perda comuns incluem:

- **Perda de entropia cruzada** para tarefas de classificação:

$$L = -\sum c = 1 M yo,\ c \log(po,c)$$

Em que M é o número de classes, y é um indicador binário que indica se a etiqueta da classe c é a classificação correta para a observação o, e p é a probabilidade prevista de a observação o pertencer à classe c.

- **Erro quadrático médio (MSE)** para tarefas de regressão:

$$2L=N1\sum i=1N(yi-y^i)2$$

em que N é o número de observações, yi é o valor atual e $^y^i$ é o valor previsto.

Algoritmos de otimização

Para além da descida de gradiente básica, foram desenvolvidos vários algoritmos de otimização para melhorar a taxa de convergência e o desempenho do treino de redes profundas:

- **Descida de gradiente estocástica (SGD)**: Uma extensão da descida de gradiente que actualiza os pesos utilizando um pequeno subconjunto dos dados de treino, acelerando significativamente os cálculos.

- **Momento**: Adiciona uma fração da atualização anterior à atualização atual, com o objetivo de acelerar os vectores de gradiente na direção certa, conduzindo assim a uma convergência mais rápida.

$$1+\partial\partial vt=\mu vt-1+\alpha\partial W\partial L \quad W:=W-vt$$

em que vt é a velocidade atual, μ é o termo de momento e α é a taxa de aprendizagem.

- **Adam (Adaptive Moment Estimation)**: Combina as vantagens de duas outras extensões da descida de gradiente estocástico, o Algoritmo de Gradiente Adaptativo (AdaGrad) e a Propagação de Quadrado Médio (RMSProp), calculando taxas de aprendizagem adaptativas para cada parâmetro.

Técnicas de regularização

Para evitar o sobreajuste, são utilizadas várias técnicas de regularização:

- **Regularização L2**: Adiciona uma penalização igual ao quadrado da magnitude dos pesos à função de perda.

$$new=2Lnew=L+\lambda\sum ww2$$

- **Paragem prematura**: Envolve a interrupção do treino quando o erro de validação começa a aumentar, mesmo que o erro de treino ainda esteja a diminuir, como um sinal de sobreajuste.

Técnicas de inicialização

A inicialização adequada dos pesos numa rede neural é crucial para garantir que a rede converge durante o treino. Uma inicialização inadequada pode levar a problemas como o desaparecimento ou a explosão de gradientes. Algumas técnicas de inicialização populares incluem:

- **Inicialização Xavier/Glorot**: Sugerido para camadas seguidas de uma função de ativação sigmoide ou tanh. Os pesos são inicializados a partir de uma distribuição com média zero e uma variância de $\frac{2}{n_{in}+n_{out}}$, onde n_{in} e n_{out} são os números de unidades de entrada e saída da camada.

- **He Inicialização**: Recomendado para camadas seguidas de funções de ativação ReLU. Os pesos são inicializados a partir de uma distribuição normal com uma média de 0 e uma variância de $\frac{2}{n_{in}}$.

Programação da taxa de aprendizagem

A taxa de aprendizagem é um dos hiperparâmetros mais importantes no treino de redes neuronais. O escalonamento da taxa de aprendizagem envolve o ajuste da taxa de aprendizagem durante o treinamento, geralmente diminuindo-a de acordo com um cronograma predefinido ou com base em determinadas condições. As estratégias mais comuns incluem:

- **Decaimento de passos**: A taxa de aprendizagem é reduzida por um fator a cada poucas épocas.

- **Decaimento exponencial**: A taxa de aprendizagem diminui exponencialmente ao longo das épocas.

- **Taxa de aprendizagem adaptável**: Métodos como AdaGrad, RMSProp e Adam ajustam a taxa de aprendizagem para cada parâmetro com base na informação histórica do gradiente.

Aprendizagem por transferência e aperfeiçoamento

A aprendizagem por transferência é uma técnica poderosa na aprendizagem profunda em que um modelo desenvolvido para uma determinada tarefa é reutilizado como ponto de partida para um modelo numa segunda tarefa. É particularmente útil em CNNs para tarefas com dados limitados:

- **Extração de caraterísticas**: Utilizar as representações aprendidas por uma rede pré-treinada, removendo a(s) camada(s) final(is) e adicionando uma(s) nova(s) camada(s) adaptada(s) à nova tarefa. Apenas as novas camadas são treinadas de raiz.

- **Afinação**: Para além de adicionar novas camadas para a nova tarefa, algumas camadas da rede pré-treinada são também afinadas através da continuação do processo de formação. Esta abordagem permite que a rede pré-treinada ajuste as suas caraterísticas aprendidas para melhor se adaptar à nova tarefa.

Inovações arquitectónicas em CNNs

Ao longo dos anos, foram introduzidas várias inovações arquitectónicas para melhorar o desempenho das CNN. Algumas arquitecturas notáveis incluem:

- **LeNet**: Uma das primeiras arquitecturas CNN concebidas para o reconhecimento de dígitos manuscritos.

- **AlexNet**: A arquitetura que reacendeu o interesse pelas CNNs, vencendo o ImageNet Large Scale Visual Recognition Challenge (ILSVRC) em 2012.

- **VGGNet**: Conhecida pela sua simplicidade, utilizando apenas camadas convolucionais 3x3 empilhadas umas sobre as outras em profundidade crescente.

- **ResNet (Rede Residual)**: Introduziu blocos residuais com ligações de salto para permitir o treino de redes muito profundas, atenuando o problema do gradiente de desaparecimento.

- **Inception (GoogLeNet)**: Conhecido pelos seus módulos de incepção que efectuam operações de convolução em paralelo e depois concatenam os resultados.

Mecanismos de atenção

Recentemente, foram incorporados mecanismos de atenção nas CNN para melhorar a sua capacidade de se concentrarem em partes relevantes do input para tomarem decisões. Isto é especialmente útil em tarefas como a legendagem de imagens, a resposta a perguntas visuais e desafios mais complexos de compreensão de cenas.

- **Auto-atenção**: Permite que o modelo pondere de forma diferente a importância de diferentes partes dos dados de entrada. Tem sido um componente-chave nas arquitecturas Transformer, que também foram adaptadas para tarefas relacionadas com a imagem (Vision Transformers).

Ligações densas

A DenseNet (Densely Connected Convolutional Networks - redes convolucionais densamente ligadas) introduz uma arquitetura em que cada camada está diretamente ligada a todas as outras camadas de uma forma de feed-forward. Para cada camada, os mapas de caraterísticas de todas as camadas anteriores são utilizados como entradas, e os seus próprios mapas de caraterísticas são utilizados como entradas em todas as camadas subsequentes. Este padrão de conetividade promove a reutilização de caraterísticas, reduz significativamente o número de parâmetros e melhora o fluxo de informações e gradientes em toda a rede, o que ajuda a treinar redes mais profundas.

Redes de compressão e excitação

Os blocos Squeeze-and-excitation (SE) permitem recalibrar adaptativamente as respostas das caraterísticas do canal, modelando explicitamente as interdependências do canal. Esses blocos comprimem as informações espaciais globais em um descritor de canal usando o agrupamento da média global e, em seguida, capturam as dependências em termos de canal usando um mecanismo simples de gating. Isso aumenta o poder de representação da rede, permitindo que ela se concentre em caraterísticas mais informativas.

Arquitecturas eficientes

À medida que as CNN aumentam de complexidade, o custo computacional pode tornar-se proibitivo, especialmente para implantação em dispositivos com recursos limitados, como telemóveis ou sistemas incorporados. Este facto levou ao desenvolvimento de arquitecturas eficientes que mantêm uma elevada precisão, reduzindo simultaneamente as exigências computacionais.

* **MobileNets**: Utiliza convoluções separáveis em profundidade para construir redes neurais profundas leves. Estes modelos foram concebidos para aplicações de visão móveis e incorporadas, oferecendo uma boa relação entre desempenho e custo computacional.

* **EfficientNet**: Utiliza um método de escalonamento composto que escalona uniformemente a largura, a profundidade e a resolução da rede com um conjunto de coeficientes de escalonamento fixos, levando a uma eficiência muito maior. As EfficientNets atingiram a precisão mais avançada no ImageNet com um número significativamente menor de parâmetros e FLOPs (operações de ponto flutuante por segundo).

Pesquisa de Arquitetura Neural (NAS)

A Pesquisa de Arquitetura Neural (NAS) é uma área de investigação que se centra na automatização da conceção de arquitecturas de redes neurais artificiais. Para as CNN, a

NAS visa descobrir arquitecturas de rede óptimas para tarefas específicas, equilibrando a precisão e a eficiência computacional. As técnicas vão desde a aprendizagem por reforço e os algoritmos evolutivos até aos métodos baseados em gradientes. Em alguns casos, a NAS criou arquitecturas altamente eficientes que superam os modelos concebidos manualmente.

Redes Adversariais Generativas (GANs)

Embora não sejam exclusivamente uma arquitetura CNN, as redes adversariais generativas (GAN) tiram partido das CNN nas componentes geradora e discriminadora. As GANs consistem em duas redes: um gerador que produz dados sintéticos semelhantes aos dados de treino e um discriminador que tenta distinguir entre dados reais e sintéticos. Através do seu processo de formação contraditório, as GANs podem gerar imagens altamente realistas, contribuindo para avanços na geração de imagens, transferência de estilos e muito mais.

Interpretabilidade e visualização

Compreender como as CNNs tomam decisões é crucial para muitas aplicações, especialmente em áreas sensíveis como os cuidados de saúde e a condução autónoma. Técnicas como o mapeamento de ativação de classe (CAM) e as suas variantes (Grad-CAM, Grad-CAM++) fornecem informações sobre as regiões da imagem de entrada que têm influência na decisão da rede. Estes métodos melhoram a interpretabilidade das CNNs, destacando as áreas importantes da imagem de entrada que contribuem para a decisão final.

A evolução contínua das arquitecturas e técnicas das CNN reflecte a natureza dinâmica da aprendizagem profunda. Dos conceitos fundamentais às inovações de ponta, as CNNs tornaram-se uma pedra angular da inteligência artificial moderna, permitindo avanços na análise de imagens, reconhecimento de padrões e muito mais. À medida que a investigação progride, podemos esperar mais avanços que irão expandir as capacidades e aplicações das CNNs, tornando-as ainda mais eficazes e eficientes.

Papel das funções de ativação, normalização de lotes e abandono

Os papéis das funções de ativação, da normalização de lotes e do abandono no contexto das redes neurais, particularmente nas Redes Neurais Convolucionais (CNNs), são fundamentais para melhorar a capacidade de aprendizado, a generalização e a eficiência da rede. Vamos nos aprofundar no objetivo e no impacto de cada um desses componentes.

Funções de ativação

As funções de ativação introduzem a não linearidade nas operações da rede, permitindo-lhe aprender padrões complexos nos dados. Sem a não linearidade, por mais profunda que seja, uma rede neural comportar-se-ia essencialmente como um modelo linear de camada única, incapaz de resolver problemas não triviais.

- **Objetivo**: O principal papel das funções de ativação é transformar o sinal de entrada num sinal de saída, permitindo que a rede aprenda e realize tarefas mais complexas do que simples operações lineares. Estas funções decidem se um neurónio deve ser ativado com base na soma ponderada das suas entradas.

Tipos comuns

- **ReLU (Unidade Linear Rectificada)**: Maximiza 0, 0, x, onde x é a entrada para o neurónio. Apesar de ser linear, é a ativação mais utilizada devido à sua simplicidade e eficiência no treino de redes profundas.

- **Sigmoide**: Produz um valor entre 0 e 1, o que o torna adequado para tarefas de classificação binária. No entanto, é menos preferido para redes profundas devido ao problema do gradiente de desaparecimento.

- **Tanh (Tangente hiperbólica)**: Emite um valor entre -1 e 1, oferecendo um intervalo centralizado que pode beneficiar determinadas arquitecturas.

- **ReLU com fugas**: Uma variação do ReLU que permite um gradiente pequeno e positivo quando a unidade está inativa, ajudando a mitigar o problema do ReLU moribundo.

Normalização de lotes

A normalização de lotes é uma técnica para padronizar as entradas de uma camada para cada mini-lote. Esta normalização estabiliza o processo de aprendizagem e reduz drasticamente as épocas de treino necessárias.

- **Objetivo**: Aborda a questão do deslocamento de covariáveis internas, em que a distribuição das entradas de cada camada muda durante o treino à medida que os parâmetros das camadas anteriores mudam. A normalização das entradas ajuda a manter a distribuição mais estável e permite taxas de aprendizagem mais elevadas, acelerando o processo de formação.

- **Operação**: As entradas de uma camada são normalizadas de forma a que a média do lote seja 0 e a variância do lote seja 1. Segue-se uma operação de escala e deslocamento, em que dois parâmetros aprendíveis por dimensão de entrada ajustam a média e a variância para o ótimo para essa camada.

Abandono

O abandono é uma técnica de regularização concebida para evitar o sobreajuste em redes neuronais, eliminando aleatoriamente unidades (juntamente com as suas ligações) da rede neuronal durante o treino.

- **Objetivo**: Durante o treino, o dropout define aleatoriamente uma fração das unidades de entrada como 0 em cada atualização do treino. Isto evita que as unidades se co-adaptem demasiado aos dados, forçando a rede a aprender caraterísticas mais robustas que são úteis em conjunto com muitos subconjuntos aleatórios diferentes dos outros neurónios.

- **Efeito**: A eliminação de diferentes conjuntos de neurónios é como treinar um grande conjunto de redes com diferentes arquitecturas. No momento do teste, o abandono não é aplicado; em vez disso, a saída da rede é reduzida por um fator equivalente à taxa de abandono, aproximando-se da previsão média do conjunto de redes.

Dinâmica de aprendizagem melhorada com funções de ativação

A escolha da função de ativação afecta a dinâmica de aprendizagem da rede. Por exemplo, a ReLU e as suas variantes (por exemplo, Leaky ReLU, Parametric ReLU) tornaram-se populares porque ajudam a atenuar o problema do gradiente decrescente que afecta as redes que utilizam activações sigmóides ou tanh. Este problema ocorre quando os gradientes se tornam demasiado pequenos para uma aprendizagem eficaz em redes profundas, abrandando o treino ou parando-o completamente. A ReLU e suas variantes permitem que redes mais profundas aprendam de forma eficaz, garantindo que os gradientes permaneçam suficientemente grandes durante a retropropagação.

Estabilização e aceleração com normalização de lotes

A normalização em lote não apenas estabiliza o processo de aprendizado, mas também permite o uso de taxas de aprendizado mais altas, o que pode acelerar a convergência. Ela reduz a sensibilidade da rede aos pesos iniciais e às escolhas da taxa de aprendizado, tornando o processo de treinamento mais robusto e fácil de ajustar. Além disso, a normalização das entradas de cada camada ajuda a combater o ajuste excessivo até certo ponto, embora o dropout ou outras técnicas de regularização ainda sejam frequentemente necessárias para o melhor desempenho na prática.

Regularização e efeito de conjunto com desistência

O abandono introduz ruído no processo de treinamento, fornecendo efetivamente uma forma de média de modelo semelhante ao treinamento de um grande conjunto de redes com pesos compartilhados. Este efeito de conjunto ajuda a melhorar as capacidades de generalização do modelo. É importante ressaltar que o dropout pode ser aplicado de forma diferente entre camadas ou adaptado durante o treinamento para otimizar seu efeito de regularização (Bargarai et al., 2020). Por exemplo, o abandono é normalmente mais benéfico quando aplicado às camadas totalmente conectadas de uma CNN do que às camadas convolucionais, uma vez que as hierarquias espaciais aprendidas pelas camadas convolucionais são mais robustas ao sobreajuste.

Efeitos sinérgicos

A utilização combinada destas técnicas numa única arquitetura de rede pode ter efeitos sinérgicos no desempenho e na eficiência da formação:

- **Funções de ativação e normalização de lote**: Ao usar ReLU ou suas variantes, a normalização em lote ajuda a manter os efeitos de não-linearidade, garantindo que as ativações não caiam na região negativa onde o gradiente seria zero. Essa sinergia facilita um treinamento mais rápido e mais estável em arquiteturas profundas.

- **Desistência e normalização de lote**: Enquanto o dropout funciona omitindo aleatoriamente unidades da rede, a normalização de lote garante que a escala das ativações restantes permaneça normalizada, o que pode ajudar a manter um fluxo de sinal estável na rede. No entanto, a interação entre o abandono e a normalização em lote requer um ajuste cuidadoso, pois o ruído introduzido pelo abandono pode, às vezes, entrar em conflito com a estabilização fornecida pela normalização em lote.

- **Equilíbrio de regularização**: As funções de ativação introduzem as não-linearidades necessárias, a normalização do lote ajuda a reduzir o desvio interno das covariáveis e o abandono fornece regularização para combater o sobreajuste. O equilíbrio entre esses elementos é crucial para alcançar o desempenho ideal. O excesso de regularização pode prejudicar a capacidade da rede de se ajustar aos dados de treinamento, enquanto a falta de regularização pode levar ao excesso de ajuste.

Considerações práticas

Na prática, a utilização eficaz de funções de ativação, normalização de lotes e abandono envolve uma análise cuidadosa da tarefa específica, da arquitetura da rede e das caraterísticas do conjunto de dados. A experimentação e o ajuste de hiperparâmetros são frequentemente necessários para encontrar as melhores combinações e configurações dessas técnicas. Além disso, os avanços na aprendizagem profunda continuam a introduzir novas variações e alternativas a esses componentes, oferecendo melhor desempenho e dinâmica de treinamento em vários contextos.

Funções de ativação

As expressões matemáticas para algumas das funções de ativação mais utilizadas são:

- **ReLU (Unidade Linear Rectificada)**: Definida como =max (0,) $f(x)$=max (0, x), esta função produz a entrada diretamente se esta for positiva; caso contrário, produz zero.
- **ReLU com fugas**: Uma variante da ReLU destinada a permitir pequenos gradientes quando a unidade está inativa e definida como max $f(x)$=max($\alpha x,x$), em que α é uma pequena constante.
- **Sigmoide**: Dada por =11+$f(x)$=1+e-$x1$, esta função produz valores no intervalo (0, 1), tornando-a adequada para problemas de classificação binária.
- **Tanh (Tangente hiperbólica)**: Esta função é definida como $f(x)$=ex+e-xex-e-x e produz valores no intervalo (-1, 1).

Normalização de lotes

A normalização em lote (BN) pode ser descrita nas seguintes etapas, para uma dada entrada de camada x:

1. **Cálculo da média**: Calcular a média do lote para cada canal de entrada: =$1\sum$=1 μB=$m1\sum i$=$1mxi$
2. **Cálculo da variância**: Calcular a variância do lote para cada canal de entrada: 2=1=1 $2\sigma B2$=$m1\sum i$=$1m(xi$-$\mu B)2$
3. **Normalização**: Normalizar a entrada utilizando a média e a variância: 2+x^i=$\sigma B2$+ϵxi-μB
4. **Escala e Deslocamento**: Aplicar os parâmetros aprendíveis (escala γ e deslocamento β) ao valor normalizado: yi=γx^i+β

Aqui, m é o número de exemplos no lote, e ϵ é uma pequena constante adicionada para estabilidade numérica.

Abandono

O Dropout zera aleatoriamente algumas das saídas da camada durante o treino e pode ser representado matematicamente da seguinte forma:

ϕ Bernoulli rj~Bernoulli(p) x~j=rjxj

Onde:

- x_j é a entrada para um neurónio,

- r_j é uma variável aleatória retirada de uma distribuição de Bernoulli com probabilidade p de ser 1 (e portanto *1-1-p* de ser 0),

- $x{\sim}j$ é o resultado após a aplicação do abandono.

Durante o treino, é aplicado o dropout e, durante o teste, os pesos são escalados por p, de modo a que: x^j=pxj

Isto garante que o resultado esperado permanece o mesmo entre as fases de treino e de teste.

Combinação de componentes

A combinação destes componentes numa rede neuronal pode ser abstraída da seguinte forma:

1. **Camada convolucional (opcional para as CNN)**: $z=W\phi\ x+b$
2. **Normalização do lote (opcional)**: norm=BN $znorm=BN(z)$
3. **Ativação**: norma) $a=f(znorm)$
4. **Dropout (Opcional)**: dropout=Dropout a dropout=Dropout(a)

Nesta sequência, x representa a entrada para a camada, W e b são os pesos e as polarizações da camada, z é a saída pré-ativação, norm $znorm$ é a saída normalizada por lote, f é a função de ativação e a é a saída ativada. A função Dropout é aplicada à saída activada durante o treino.

Treinar CNNs com dados agrícolas

O treino de Redes Neuronais Convolucionais (CNNs) com dados agrícolas envolve várias etapas críticas, cada uma das quais desempenha um papel vital no desenvolvimento de modelos precisos e fiáveis para identificar doenças, pragas e várias condições nas plantas. Vamos aprofundar as principais fases deste processo, incluindo a recolha de dados, a anotação de dados e a superação de desafios como conjuntos de dados desequilibrados e aumento de dados.

Recolha de dados: obtenção e criação de conjuntos de dados

O processo de obtenção e criação de conjuntos de dados para o treino de Redes Neuronais Convolucionais (CNN) na agricultura é uma abordagem multifacetada que visa a aquisição de dados diversificados e de elevada qualidade. Estes dados são essenciais para o desenvolvimento de modelos que identifiquem com precisão várias condições das plantas, doenças e infestações de pragas. Eis um olhar mais atento sobre as estratégias envolvidas em cada fase:

1. Obtenção de dados agrícolas

Bases de dados públicas:

- **Vantagens:** Acesso a uma vasta gama de dados sem trabalho de campo exaustivo. Estas bases de dados incluem muitas vezes imagens rotuladas com conhecimentos especializados, fornecendo uma base sólida para a formação inicial do modelo.

- **Exemplos:** PlantVillage, AgricNet e outras bases de dados especializadas centradas em culturas ou condições específicas.

Colaboração com as explorações agrícolas:

- **Vantagens:** Acesso direto a dados actuais e reais que reflectem as mais recentes condições agrícolas, doenças e infestações de pragas. Esta colaboração pode produzir conjuntos de dados altamente relevantes e diversificados.

- **Métodos:** As explorações agrícolas podem instalar câmaras fixas em vários locais ou utilizar drones para efetuar levantamentos aéreos regulares, captando uma visão alargada das condições das culturas ao longo do tempo.

Geração de dados sintéticos:

- **Vantagens:** Preenche lacunas nos conjuntos de dados, especialmente para condições raras ou pragas que não são facilmente encontradas no campo. Isto pode aumentar significativamente a capacidade do modelo para reconhecer menos problemas comuns.

- **Técnicas:** Utilização de computação gráfica ou de redes adversariais generativas (GAN) para criar imagens realistas de plantas em condições específicas não bem representadas no conjunto de dados existente.

2. Criar conjuntos de dados

Recolha de dados no terreno:

- **Abordagem:** Utilização de smartphones ou câmaras profissionais para captar imagens diretamente no terreno. Este método garante que o conjunto de dados inclui uma grande variedade de condições de iluminação, ângulos e fases de crescimento das plantas.

- **Desafios:** Garantir a consistência e a elevada qualidade das imagens recolhidas pode exigir formação para os indivíduos que captam os dados.

Experiências controladas:

- **Objetivo:** Ao criar condições específicas num ambiente controlado, os investigadores podem garantir que o conjunto de dados inclui imagens de alta qualidade de determinadas doenças ou infestações de pragas, frequentemente em várias fases de progressão.

- **Implementação:** Pode envolver o cultivo de plantas em condições controladas em estufas ou laboratórios e a introdução de doenças ou pragas de uma forma que permita uma observação e documentação pormenorizadas.

Refinamento e otimização de conjuntos de dados

Controlo de qualidade e pré-processamento:

- **Qualidade da imagem:** Assegurar que todas as imagens do conjunto de dados cumprem um limiar mínimo de qualidade em termos de resolução e clareza. Isto pode implicar a filtragem de imagens desfocadas ou mal iluminadas.

- **Pré-processamento:** Padronizar as imagens redimensionando, normalizando e possivelmente melhorando-as para garantir a consistência em todo o conjunto de dados. Este passo é crucial para que as CNNs processem os dados de forma eficiente.

Curadoria de dados:

- Selecionar cuidadosamente o conjunto de dados para abranger um amplo espetro de condições, incluindo diferentes fases de progressão da doença, infestações de pragas e fases de crescimento da planta. Esta diversidade é fundamental para desenvolver um modelo que tenha um bom desempenho em condições reais variadas.

Anotação do conjunto de dados:

- **Revisão por peritos:** Envolver peritos agrícolas na revisão e verificação das anotações do conjunto de dados. O seu conhecimento é inestimável para garantir a exatidão das etiquetas, especialmente para condições subtis ou complexas.

- **Ferramentas de anotação:** Utilizar ferramentas de anotação avançadas que permitam uma rotulagem precisa das imagens, incluindo a identificação de doenças, pragas ou deficiências específicas. As ferramentas que suportam a criação de caixas delimitadoras, máscaras de segmentação ou outras anotações detalhadas podem melhorar a capacidade do modelo para detetar e classificar as condições com precisão.

Tirar partido das tecnologias avançadas

Realidade Aumentada (RA) e Realidade Virtual (RV):

- Utilizar tecnologias AR e VR para melhorar ou simular condições agrícolas específicas para a recolha de dados, especialmente quando o acesso a certas condições ou pragas é limitado no mundo real.

Inteligência Artificial (IA) no aumento de dados:

- Implementar técnicas baseadas em IA para aumentar o conjunto de dados de forma inteligente. Isto pode incluir a criação de variações de imagens existentes que simulem diferentes condições de iluminação, ângulos ou fases de progressão da doença, enriquecendo assim o conjunto de dados sem a necessidade de recolha adicional de dados no terreno.

Considerações éticas e esforços de colaboração

Privacidade e ética dos dados:

- Assegurar práticas éticas de recolha de dados, especialmente quando envolvem sujeitos humanos ou explorações agrícolas privadas. Obter o consentimento necessário e tornar os dados anónimos, quando aplicável.

- **Partilha colaborativa de dados:** Promover uma cultura de partilha de dados entre instituições de investigação, empresas de tecnologia e comunidades agrícolas. As plataformas colaborativas podem facilitar o intercâmbio de conjuntos de dados, conhecimentos e metodologias, acelerando a inovação e o desenvolvimento de modelos robustos de CNN agrícola.

Avaliação e expansão de conjuntos de dados contínuos:

- Avaliar regularmente a eficácia do conjunto de dados, monitorizando o desempenho do modelo e identificando lacunas no conjunto de dados. Este processo iterativo ajuda a aperfeiçoar continuamente o conjunto de dados, assegurando que continua a ser relevante e eficaz para os actuais desafios agrícolas.

- Considerar a expansão do conjunto de dados para incluir novas condições, culturas ou regiões à medida que o âmbito de aplicação do modelo se alarga. Esta expansão pode ajudar a desenvolver modelos mais generalizados, capazes de funcionar em diferentes contextos agrícolas.

Integração de conjuntos de dados em fluxos de trabalho de aprendizagem automática

1. Divisão do conjunto de dados:

- Divida o conjunto de dados selecionados em conjuntos de treino, validação e teste. Um rácio de divisão comum é 70% para treino, 15% para validação e 15% para teste. Esta separação garante que o modelo pode ser treinado numa grande parte dos dados, afinado utilizando o conjunto de validação e, finalmente, avaliado em dados não vistos para medir o seu desempenho no mundo real.

2. Seleção e treino de modelos:

- **Seleção de uma arquitetura CNN:** Escolha uma arquitetura CNN adequada à complexidade e dimensão do seu conjunto de dados. As escolhas mais populares incluem AlexNet, VGGNet, ResNet e Inception, cada uma com a sua eficiência computacional e precisão.

- **Aprendizagem por transferência:** Para conjuntos de dados relativamente pequenos ou condições em que os dados de treino são difíceis de obter, considere a utilização da aprendizagem por transferência. Isto envolve a utilização de um modelo pré-treinado num grande conjunto de dados (como o ImageNet) e a sua afinação no seu conjunto de dados agrícolas. Esta abordagem pode acelerar significativamente o processo de formação e melhorar o desempenho do modelo.

3. Treino de modelos e afinação de hiperparâmetros:

- Para otimizar o desempenho, utilize o conjunto de treino para treinar o seu modelo, ajustando os hiperparâmetros como a taxa de aprendizagem, o tamanho do lote e as épocas. Monitore regularmente o desempenho no conjunto de validação para evitar o ajuste excessivo e determinar a melhor configuração do modelo.

4. Aumento de dados na formação:

- Implementar técnicas de aumento de dados em tempo real durante o treino do modelo para introduzir variabilidade nos dados de treino. Isto pode incluir rotações aleatórias, inversões, escalas e ajustes de cor, que ajudam a melhorar a robustez do modelo e a capacidade de generalização dos dados de treino para as condições do mundo real.

5. Avaliação e validação do modelo:

- Após o treino, avalie o desempenho do modelo no conjunto de teste para avaliar a sua exatidão, precisão, recuperação e pontuação F1, entre outras métricas. Esta avaliação fornece informações sobre a capacidade do modelo para identificar várias condições das plantas, doenças e infestações de pragas em dados não vistos.

6. Implantação e aprendizagem contínua:

- Implementar o modelo treinado num ambiente agrícola do mundo real, como uma aplicação móvel para agricultores ou um sistema de monitorização automatizado em estufas. Monitorizar o desempenho do modelo em condições reais e recolher feedback para posterior aperfeiçoamento.

- Implementar um ciclo de aprendizagem contínua em que o modelo é periodicamente atualizado com novos dados recolhidos no terreno. Esta abordagem garante que o modelo permanece exato ao longo do tempo, à medida que encontra novas variações de doenças, pragas e condições das plantas.

Desafios e considerações

Escalabilidade e desempenho:

- Considerar a escalabilidade do modelo e da sua plataforma de implementação, especialmente se for necessário processar grandes volumes de dados em tempo real. As técnicas de otimização, como a redução de modelos, a quantização e a implementação de dispositivos de ponta, podem ajudar a enfrentar estes desafios.

Considerações éticas e ambientais:

- Ter em conta as implicações éticas da utilização da IA na agricultura, incluindo o potencial impacto no emprego e na privacidade. Além disso, deve ser considerado o impacto ambiental da formação e da inferência da IA e devem ser procurados modelos e práticas eficientes do ponto de vista energético.

Colaboração e inovação aberta:

- Envolver-se em esforços de colaboração com outros investigadores, tecnólogos e profissionais da agricultura. A partilha de conhecimentos, conjuntos de dados e modelos pode acelerar a inovação e conduzir a soluções mais robustas e versáteis.

Melhorar a acessibilidade e a usabilidade

1. Interfaces de fácil utilização:

- Desenvolver aplicações e ferramentas com interfaces de utilizador intuitivas que permitam aos agricultores e agrónomos aceder e interpretar facilmente os conhecimentos gerados pelos modelos CNN. Isto pode incluir aplicações móveis que fornecem diagnósticos de doenças ou plataformas Web para monitorizar o estado das culturas em grandes áreas.

2. Soluções localizadas:

•   Adaptar as soluções aos contextos locais, incorporando modelos treinados em dados específicos das culturas, doenças e pragas da região. Esta personalização aumenta a exatidão e a relevância das previsões para os agricultores locais.

3. Educação e formação:

•   Organizar workshops e sessões de formação para que as partes interessadas compreendam como integrar eficazmente estas ferramentas de IA nas suas operações diárias. Educar os utilizadores na interpretação das previsões do modelo e na tomada de medidas adequadas é crucial para a adoção.

Melhoria contínua e adaptação

1. Loops de feedback:

•   Estabelecer mecanismos para os utilizadores fornecerem feedback sobre as previsões do modelo, incluindo a exatidão da identificação da doença ou a eficácia das intervenções recomendadas. Este feedback pode ser valioso para o aperfeiçoamento contínuo do modelo.

2. Adaptação às alterações climáticas:

•   Como as alterações climáticas alteram a prevalência e a distribuição das doenças e pragas das plantas, os modelos têm de ser adaptáveis a essas alterações. A atualização dos modelos com novos dados que reflictam estas alterações é essencial para manter a sua precisão e utilidade.

Considerações éticas e sociais

1. Privacidade e segurança dos dados:

•   Implementar medidas sólidas de privacidade e segurança dos dados para proteger informações sensíveis, especialmente quando se trata de dados de explorações ou locais individuais. A transparência na utilização dos dados e a adesão aos regulamentos de privacidade são vitais.

2. Equidade e justiça:

•   Garantir que as tecnologias agrícolas baseadas em IA sejam acessíveis aos pequenos agricultores e aos agricultores pobres em recursos, e não apenas às grandes empresas agrícolas. Isto pode implicar o desenvolvimento de soluções de baixo custo ou a criação de parcerias com organizações governamentais e não governamentais para distribuir estas ferramentas de forma mais alargada.

3. Sustentabilidade ambiental:

• Tirar partido das CNN não só para aumentar a produtividade, mas também para melhorar a sustentabilidade. Isto inclui a otimização da utilização de recursos (água, fertilizantes, pesticidas) e a minimização da pegada ambiental das práticas agrícolas.

Dimensionamento e colaboração

1. Soluções de escala:

• Explorar parcerias com empresas de tecnologia agrícola, governos e organizações internacionais para aumentar a implantação de soluções baseadas na CNN. A expansão requer não só a adaptação tecnológica, mas também considerações sobre aspectos económicos e logísticos.

2. Código aberto e colaboração:

• A contribuição e a utilização de projectos de código aberto podem acelerar a inovação na IA agrícola. Os esforços de colaboração podem levar ao desenvolvimento de modelos e conjuntos de dados mais robustos e versáteis, beneficiando a comunidade agrícola global.

3. Investigação interdisciplinar:

• Promover a colaboração interdisciplinar que reúna investigadores de IA, agrónomos, cientistas do clima e cientistas sociais. Estas colaborações podem conduzir a soluções mais holísticas que abordem os desafios multifacetados da agricultura moderna.

Tirar partido das tecnologias emergentes

1. Integração com dispositivos IoT:

• A combinação de CNNs com a Internet das Coisas (IoT) pode levar a sistemas de monitorização e gestão mais dinâmicos e em tempo real para a agricultura. Os dispositivos IoT, como sensores de humidade do solo, estações meteorológicas e drones, podem fornecer fluxos de dados contínuos que melhoram o poder de previsão e a capacidade de resposta dos modelos de IA.

2. Cadeia de blocos para a segurança e rastreabilidade dos dados:

• A implementação da tecnologia blockchain pode garantir a integridade, a segurança e a rastreabilidade dos dados. Isto é particularmente relevante para a gestão da cadeia de abastecimento, onde é cada vez mais exigido o rastreio transparente dos produtos desde a exploração agrícola até ao consumidor.

3. Realidade aumentada (RA) para a agricultura de precisão:

• As tecnologias de RA podem sobrepor os conhecimentos gerados pela CNN diretamente no ambiente físico, fornecendo aos agricultores informações acionáveis em tempo real enquanto trabalham no campo. Isto pode incluir a identificação de áreas de um campo que estejam a mostrar sinais de stress ou doença, com pistas visuais de RA a orientar a intervenção.

Melhorar a interpretabilidade e a confiança na IA

1. IA explicável (XAI):

• Os avanços na IA explicável podem ajudar a desmistificar as decisões de CNN para os utilizadores finais, tornando a tecnologia mais transparente e fiável. Ao fornecer informações sobre a forma como o modelo chega às suas previsões, os agricultores e agrónomos podem tomar decisões mais informadas.

2. Conceção centrada no utilizador:

• Garantir que as soluções de IA são concebidas tendo em mente o utilizador final, incorporando o seu feedback e preferências, pode aumentar a adoção e a confiança na tecnologia. Isto implica criar interfaces e experiências que sejam acessíveis, compreensíveis e relevantes para as suas necessidades.

Promover a cooperação e as normas mundiais

1. Iniciativas internacionais de partilha de dados:

• A promoção de iniciativas globais para a partilha de dados agrícolas e modelos de IA pode acelerar a inovação e fornecer soluções para os desafios comuns enfrentados pelos agricultores em todo o mundo. Essas iniciativas exigem o estabelecimento de normas para a recolha, anotação e partilha de dados.

2. Normas e diretrizes éticas:

• O desenvolvimento e a adesão a normas e diretrizes éticas internacionais para a utilização da IA na agricultura são cruciais. Isto inclui considerações sobre a privacidade dos dados, o impacto ambiental e o acesso equitativo à tecnologia.

3. Alterações climáticas e sustentabilidade:

- Os modelos de IA, incluindo as CNN, devem ser desenvolvidos para atenuar os efeitos das alterações climáticas e promover práticas agrícolas sustentáveis. Isto inclui a otimização da utilização dos recursos, a redução dos resíduos e o aumento da resistência das culturas.

Inovação e aprendizagem contínuas

1. Sistemas de aprendizagem adaptativa:

- O desenvolvimento de sistemas de IA que possam aprender e adaptar-se ao longo do tempo a condições variáveis, a novas pragas e doenças ou a alterações nos padrões climáticos é essencial para a sustentabilidade a longo prazo. Isto implica a incorporação de mecanismos de aprendizagem contínua e de atualização de modelos.

2. Laboratórios interdisciplinares de inovação:

- A criação de laboratórios de inovação que reúnam tecnólogos, agricultores, ambientalistas e decisores políticos pode promover o desenvolvimento de soluções holísticas que respondam aos desafios mais vastos da segurança alimentar e da sustentabilidade.

3. Parcerias Público-Privadas:

- Incentivar parcerias público-privadas para financiar a investigação, implementar soluções e partilhar conhecimentos pode ajudar a dimensionar o impacto da IA na agricultura. Estas parcerias podem alavancar os pontos fortes de ambos os sectores para impulsionar a inovação e a implementação.

Implementação destas estratégias

A implementação eficaz destas estratégias requer um planeamento e coordenação cuidadosos. Por exemplo, ao colaborar com explorações agrícolas, é essencial estabelecer diretrizes claras sobre o tipo de dados necessários e a frequência da recolha. Da mesma forma, ao criar dados sintéticos ou realizar experiências controladas, é vital garantir que os cenários gerados são realistas e relevantes para as condições que o modelo irá encontrar no mundo real.

Anotação de dados: Rotulagem de imagens para doenças, pragas e condições de plantas

A anotação de dados é a pedra angular do desenvolvimento de Redes Neuronais Convolucionais (CNN) precisas e fiáveis para aplicações agrícolas. Este processo é crucial para treinar modelos para identificar e classificar várias doenças de plantas, infestações de pragas e outras condições que afectam a saúde das culturas. O sucesso destes modelos depende da qualidade, precisão e diversidade dos dados anotados com que são treinados. Por conseguinte, é vital um processo de anotação de dados bem estruturado e meticulosamente executado.

Exatidão e consistência na anotação de dados

A exatidão e a consistência são fundamentais na anotação de dados para imagens agrícolas. Rótulos incorrectos ou inconsistentes podem induzir em erro o processo de formação, conduzindo a modelos com fraco desempenho em dados do mundo real. Para atingir níveis elevados de precisão, é frequentemente necessário o envolvimento de especialistas na matéria, como agrónomos, botânicos e fitopatologistas. Estes especialistas podem fornecer anotações fiáveis, identificando doenças, pragas e condições específicas com elevada precisão. Para garantir a consistência, é essencial desenvolver uma diretriz de anotação abrangente que todos os anotadores possam seguir. Esta diretriz deve definir claramente cada condição, os critérios de classificação e exemplos de imagens corretamente anotadas. Sessões de formação regulares para os anotadores e revisões periódicas das anotações podem ajudar a manter a consistência em todo o conjunto de dados.

Cobertura abrangente e rotulagem pormenorizada

A eficácia de uma CNN em aplicações agrícolas também depende da abrangência do conjunto de dados. O conjunto de dados deve abranger uma vasta gama de exemplos para cada condição, incluindo várias fases de progressão da doença, tipos de pragas e diferentes condições das plantas numa variedade de ambientes. Esta diversidade garante que o modelo pode generalizar-se bem quando aplicado a situações do mundo real, em que as condições raramente correspondem às observadas num ambiente controlado. A etiquetagem detalhada, incluindo a utilização de caixas delimitadoras, máscaras de segmentação ou anotações ao nível do pixel, permite uma formação mais precisa do modelo. Permite ao modelo não só identificar a presença de uma doença, mas também compreender a sua extensão e gravidade, o que é crucial para um diagnóstico e recomendações de tratamento exactos (Wang, 2021).

Metodologias para uma anotação de dados eficiente

Dada a escala de dados necessária para treinar CNNs eficazes, os métodos tradicionais de anotação manual podem ser proibitivamente demorados e dispendiosos. Como resultado, as ferramentas de anotação semi-automatizadas têm-se tornado cada vez mais populares. Estas ferramentas oferecem interfaces fáceis de utilizar que simplificam o processo de anotação, permitindo uma rotulagem mais rápida sem uma perda significativa de precisão. Para tarefas que exigem anotações mais simples, as plataformas de crowdsourcing podem constituir uma solução económica e escalável. No entanto, para garantir a qualidade das anotações obtidas por crowdsourcing, são necessárias medidas de controlo de qualidade robustas, incluindo verificações aleatórias por peritos e mecanismos de consenso entre vários anotadores.

Nos casos em que certas condições são raras ou difíceis de captar, a geração de dados sintéticos oferece uma forma de aumentar os conjuntos de dados com imagens realistas de condições sub-representadas. Esta abordagem pode melhorar significativamente a capacidade do modelo para reconhecer estas condições raras sem a necessidade de uma extensa recolha de dados no terreno. Além disso, técnicas como a aprendizagem por transferência e a aprendizagem ativa podem reduzir a carga de anotação, utilizando modelos pré-existentes e refinando iterativamente o conjunto de dados com base no desempenho do modelo, concentrando os esforços de anotação nos exemplos mais informativos.

Controlo de qualidade e validação

O controlo de qualidade e a validação são componentes essenciais do processo de anotação de dados. As revisões regulares de peritos garantem que o conjunto de dados mantém um elevado padrão de exatidão e relevância. As taxas de concordância entre anotadores podem destacar áreas onde as diretrizes de anotação podem ser ambíguas, permitindo a melhoria contínua do processo de anotação. As técnicas de validação automatizadas podem identificar rapidamente anomalias ou erros no conjunto de dados, tais como imagens mal rotuladas ou anotações inconsistentes, facilitando a correção e o aperfeiçoamento eficientes.

Dimensionamento e integração com tecnologias emergentes

A integração das CNNs com outras tecnologias emergentes será fundamental à medida que o campo amadurece. A sinergia entre as CNNs e tecnologias como a Internet das Coisas (IoT), drones e imagens de satélite pode revolucionar a agricultura de precisão. Por exemplo, os dados em tempo real dos dispositivos IoT podem ser analisados utilizando CNNs para tomar decisões imediatas sobre irrigação, fertilização ou controlo de pragas, optimizando a utilização de recursos e o rendimento das colheitas. Da mesma forma, os drones e os satélites podem fornecer dados de imagem em grande escala, permitindo a monitorização da saúde das culturas em vastas áreas, que, quando anotadas com precisão, podem treinar modelos para detetar sinais precoces de stress, doenças ou invasão de pragas em diferentes terrenos e tipos de culturas.

Aprendizagem e adaptação contínuas

O sector agrícola é dinâmico, com novos desafios a surgirem à medida que os padrões climáticos mudam, surgem novas pragas e as variedades de culturas evoluem. Por conseguinte, os modelos CNN devem ser capazes de aprender e adaptar-se continuamente a novas condições e dados. Isto exige uma recolha e anotação contínuas de dados e o desenvolvimento de modelos que possam atualizar a sua base de conhecimentos sem esquecer a informação previamente aprendida, um desafio conhecido como esquecimento catastrófico na aprendizagem automática. Técnicas como a aprendizagem com poucos exemplos, em que os modelos aprendem com alguns exemplos, e a aprendizagem ativa, em que os modelos identificam os pontos de dados mais informativos para anotação, são fundamentais neste contexto.

Considerações éticas e impacto social

As considerações éticas e o compromisso com um impacto social positivo devem orientar a utilização das CNN na agricultura. Isto inclui garantir a privacidade dos dados, especialmente quando se recolhem e anotam dados das explorações agrícolas, e abordar a potencial deslocação de postos de trabalho com o aumento da automatização das tarefas de monitorização e diagnóstico. Além disso, os benefícios destas tecnologias devem ser acessíveis a todos os agricultores, incluindo os pequenos agricultores e os dos países em desenvolvimento, para evitar o aumento do fosso digital na agricultura. As parcerias entre os criadores de tecnologias, os governos, as ONG e a comunidade agrícola são essenciais para desenvolver e aplicar soluções equitativas, sustentáveis e benéficas.

Colaboração global para uma agricultura sustentável

Os desafios enfrentados pelo sector agrícola são de natureza global, incluindo a segurança alimentar, a adaptação às alterações climáticas e a utilização sustentável dos recursos. A resposta a estes desafios exige um esforço concertado e uma colaboração transfronteiriça. A partilha de conjuntos de dados anotados, modelos de IA e melhores práticas pode acelerar o progresso e garantir que as inovações beneficiem regiões e agricultores de todo o mundo. As iniciativas internacionais e os consórcios centrados na IA na agricultura podem facilitar essa colaboração, garantindo que o conhecimento e a tecnologia fluam livre e equitativamente. A jornada de integração das CNNs nas práticas agrícolas é um processo contínuo de inovação, que requer uma anotação meticulosa dos dados, a integração com tecnologias emergentes e um enfoque na aprendizagem contínua. À medida que a tecnologia evolui, o mesmo acontece com as metodologias de recolha de dados, anotação e formação de modelos, sempre com vista a uma utilização ética e ao impacto social. Ao abraçar estes desafios e oportunidades, o sector agrícola pode avançar para um futuro em que a agricultura de precisão não seja apenas um conceito, mas uma realidade, aumentando a produtividade, a sustentabilidade e a segurança alimentar de uma população global em crescimento. O sucesso deste empreendimento depende da colaboração entre cientistas, tecnólogos, agricultores e decisores políticos, unidos pelo objetivo comum de aproveitar a IA para criar um futuro agrícola mais sustentável e produtivo.

Promover a inovação através de parcerias de código aberto e entre o meio académico e a indústria

A aceleração das aplicações de CNN na agricultura pode ser significativamente impulsionada pela adoção de filosofias de código aberto e pelo reforço das parcerias entre o sector académico e a indústria. Os projectos de código aberto democratizam o acesso a algoritmos e conjuntos de dados de ponta, permitindo que investigadores, programadores e até pequenos agricultores contribuam para os avanços da IA e beneficiem deles. Entretanto, as parcerias entre o meio académico e a indústria podem colmatar o fosso entre a investigação teórica e as aplicações práticas, assegurando que as inovações são rapidamente traduzidas em ferramentas e tecnologias que respondem aos desafios agrícolas do mundo real.

Inclusão e capacitação dos pequenos agricultores

Um aspeto crítico da integração das CNNs na agricultura é garantir que a tecnologia chegue e capacite os pequenos agricultores, que são frequentemente os mais vulneráveis aos impactos das alterações climáticas e dos surtos de doenças. Adaptar as soluções baseadas em IA para que sejam rentáveis, fáceis de utilizar e acessíveis em ambientes de baixa largura de banda pode ajudar a nivelar as condições de concorrência. Além disso, o fornecimento de educação e formação sobre literacia digital e ferramentas de IA pode capacitar estes agricultores para tomarem decisões informadas, aumentando, em última análise, a sua produtividade e resiliência.

Utilização ética da IA e governação de dados

medida que a utilização das CNN na agricultura se expande, aumentam também as preocupações relativas à privacidade dos dados, à utilização ética da IA e à governação. É fundamental estabelecer diretrizes e normas claras para a recolha, anotação e utilização de dados. Isto inclui obter o consentimento das fontes de dados, tornar os dados anónimos para proteger a privacidade e garantir que os modelos de IA não perpetuam preconceitos ou desigualdades. Os quadros éticos de IA devem orientar o desenvolvimento e a implementação de tecnologias, garantindo que servem um bem maior sem comprometer os direitos individuais ou a sustentabilidade ambiental.

Resiliência climática e sustentabilidade

O potencial das CNN para contribuir para práticas agrícolas sustentáveis e resistentes ao clima é imenso. Ao permitir um controlo mais preciso das pragas, a gestão das doenças e a utilização dos recursos, estas tecnologias podem ajudar a reduzir a pegada ambiental da agricultura. Os desenvolvimentos futuros devem dar prioridade a modelos que apoiem práticas sustentáveis, como a agricultura biológica, a agricultura de conservação e a agro-silvicultura, alinhando-se com os esforços globais de combate às alterações climáticas e à perda de biodiversidade.

Colaboração global para desafios partilhados

Os desafios que se colocam à agricultura são globais, transcendendo as fronteiras nacionais e regionais. A colaboração internacional e a partilha de conhecimentos são essenciais para enfrentar estes desafios coletivamente. As iniciativas que reúnem governos, ONG, instituições de investigação e o sector privado podem facilitar a partilha de tecnologias de IA, conjuntos de dados e melhores práticas. Esta colaboração pode acelerar a inovação, melhorar a segurança alimentar e construir um sistema alimentar global mais resiliente.

Olhando para o futuro

A integração das CNNs na agricultura é uma via promissora para enfrentar alguns dos desafios mais prementes do nosso tempo, incluindo a segurança alimentar, as alterações climáticas e o desenvolvimento sustentável. Ao concentrar-se na inovação, na inclusão, em considerações éticas, na sustentabilidade e na colaboração global, o sector agrícola pode aproveitar o poder da IA para aumentar a produtividade e garantir um futuro mais equitativo e sustentável para as comunidades agrícolas de todo o mundo. O caminho a seguir requer um esforço concertado de todas as partes interessadas, aproveitando os pontos fortes da tecnologia para construir um ecossistema agrícola resiliente e abundante para as gerações vindouras.

Superar os desafios: Lidar com conjuntos de dados desequilibrados e aumentar os dados

Os desafios dos conjuntos de dados desequilibrados e a necessidade de aumentar os dados de forma abrangente são preocupações fundamentais no treino de Redes Neuronais Convolucionais (CNN) para aplicações agrícolas. A resolução destes desafios é fundamental para garantir que os modelos desenvolvidos são exactos, robustos e capazes de ter um bom desempenho em diversos cenários agrícolas do mundo real. Vamos aprofundar as estratégias para superar esses obstáculos:

Resolver o problema dos conjuntos de dados desequilibrados na agricultura

Os conjuntos de dados desequilibrados representam um desafio significativo nas aplicações agrícolas das CNN, principalmente porque a ocorrência de certas doenças das plantas, infestações de pragas ou condições ambientais pode variar muito. Por exemplo, uma doença rara pode ter apenas alguns exemplos num grande conjunto de dados, o que leva a um modelo que funciona bem em condições comuns, mas mal em condições raras mas críticas.

1. Aumento de dados para classes minoritárias: Para contrariar este desequilíbrio, podem ser utilizadas estratégias de aumento de dados específicas para aumentar artificialmente a representação das classes minoritárias. Técnicas como as transformações geométricas (por exemplo, rotações, inversões) e os ajustes de cor podem criar exemplos de treino adicionais a partir dos existentes, ajudando a equilibrar o conjunto de dados e a melhorar a capacidade do modelo para reconhecer menos condições comuns.

2. Geração de dados sintéticos: Outra abordagem inovadora envolve a utilização de Redes Adversárias Generativas (GANs) para criar imagens realistas de doenças ou pragas sub-representadas. Este método pode colmatar lacunas no conjunto de dados, fornecendo uma gama mais vasta de exemplos com os quais o modelo pode aprender, sem necessidade de esforços de recolha de dados no terreno extensos e muitas vezes difíceis.

3. Aplicação de técnicas de amostragem: A sobreamostragem de classes minoritárias ou a subamostragem de classes maioritárias também podem ajudar a resolver o desequilíbrio do conjunto de dados. Embora estas técnicas modifiquem a composição do conjunto de dados para atingir o equilíbrio, devem ser aplicadas criteriosamente para evitar a introdução de enviesamentos ou a perda de informações valiosas.

4. Implementação de uma aprendizagem sensível aos custos: Ajustar o processo de aprendizagem para dar maior ênfase à classificação correta das classes minoritárias é outra estratégia eficaz. Ao modificar a função de perda para penalizar mais fortemente a classificação incorrecta destas classes, os modelos podem ser incentivados a aprender mais sobre estas condições críticas mas menos representadas.

Aumento de dados para formação de modelos robustos

Para além de resolver os desequilíbrios, o aumento dos dados desempenha um papel crucial na preparação das CNNs para as complexidades dos contextos agrícolas. A variabilidade das condições ambientais, o aspeto das plantas e as manifestações de doenças exigem modelos treinados em conjuntos de dados diversificados e aumentados.

1. Empregar transformações de imagem básicas e avançadas: Para além de simples inversões e rotações, a aplicação de manipulações avançadas da imagem, como o ajuste do brilho, contraste e saturação, pode simular uma vasta gama de condições de iluminação. A adição de ruído sintético ou a aplicação de filtros pode imitar efeitos ambientais, como nevoeiro ou chuva, preparando o modelo para a variabilidade do mundo real.

2. Técnicas de aumento específicas do domínio: É particularmente vantajoso utilizar aumentos que reflictam as condições reais do terreno para aplicações agrícolas. A simulação da oclusão parcial das folhas, a variação da gravidade das doenças e a simulação de diferentes tipos de danos causados por pragas podem criar um conjunto de dados de treino que reflecte de perto as complexidades encontradas na agricultura.

3. Utilização de novos métodos de aumento: Técnicas como Mixup e Cutmix, que criam imagens compostas misturando diferentes classes ou incorporando patches de uma imagem noutra, oferecem formas inovadoras de enriquecer o conjunto de dados. Estes métodos aumentam o tamanho e a diversidade do conjunto de dados e incentivam o modelo a aprender caraterísticas mais matizadas, melhorando as suas capacidades de generalização.

Adotar tecnologias emergentes para a recolha e o reforço de dados

Integração com tecnologias de deteção remota: A fusão de CNNs com tecnologias avançadas de deteção remota, como imagens de satélite e imagens hiperespectrais, oferece uma via promissora para melhorar a recolha e o aumento de dados. Estas tecnologias podem fornecer uma grande quantidade de dados sobre a saúde das culturas, as condições do solo e os factores ambientais, oferecendo uma visão mais abrangente que pode ser utilizada para treinar modelos CNN mais robustos. Tirando partido destes dados, os modelos podem ser treinados para reconhecer padrões e variações subtis que podem não ser visíveis em imagens fotográficas normais, melhorando assim a sua precisão e aplicabilidade.

Avanços na geração de dados sintéticos: medida que os modelos generativos continuam a melhorar, a qualidade e o realismo dos dados sintéticos para o treino das CNNs também aumentarão. Os futuros desenvolvimentos nas redes adversariais generativas (GAN) e noutras técnicas de geração de dados sintéticos poderão permitir a criação de conjuntos de dados altamente realistas e diversificados que imitam de perto a complexidade dos cenários agrícolas do mundo real. Este avanço poderá ser particularmente benéfico para a simulação de doenças raras ou infestações de pragas, garantindo que os modelos CNN estão bem equipados para reconhecer e responder a estes desafios.

Aproveitamento de abordagens interdisciplinares para soluções abrangentes

Colaboração entre disciplinas: A integração dos conhecimentos da ciência das plantas, da ciência ambiental e da IA é crucial para o próximo salto nas aplicações agrícolas de CNN. A colaboração entre estas disciplinas pode levar a uma compreensão mais profunda das interações complexas entre culturas, pragas, doenças e condições ambientais. Esta abordagem interdisciplinar pode contribuir para o desenvolvimento de técnicas mais sofisticadas de aumento de dados e de estratégias de formação que tenham em conta a natureza multifacetada da agricultura.

Estratégias de formação inovadoras: A exploração de novas metodologias de formação que ultrapassem a tradicional aprendizagem supervisionada poderá oferecer novas formas de lidar com conjuntos de dados desequilibrados e desafios de aumento de dados. Técnicas como a aprendizagem semi-supervisionada, em que os modelos aprendem a partir de dados rotulados e não rotulados, ou a aprendizagem por reforço, em que os modelos se adaptam com base no feedback do ambiente, poderão fornecer novas vias para a formação de CNN no contexto da agricultura. Estas estratégias podem ajudar os modelos a aprender com uma gama mais vasta de dados e experiências, melhorando a sua capacidade de generalizar e fazer previsões exactas em diversos contextos agrícolas.

Implementação ética e sustentável

Foco na utilização ética da IA: À medida que as CNNs se tornam mais integradas nas práticas agrícolas, é fundamental garantir o uso ético da IA. Isto inclui considerações sobre a privacidade dos dados, a transparência nos processos de tomada de decisão dos modelos e a distribuição equitativa dos benefícios da IA. O desenvolvimento de diretrizes e normas para a IA ética na agricultura pode ajudar a garantir que estas tecnologias são utilizadas de forma responsável e para o bem maior de todas as partes interessadas envolvidas.

Promover a sustentabilidade: O objetivo final da aplicação das CNNs na agricultura é aumentar a eficiência e a produtividade e promover práticas agrícolas sustentáveis. Ao treinar modelos para otimizar a utilização de recursos, reduzir o desperdício e minimizar o impacto ambiental, as CNNs podem desempenhar um papel crucial no avanço da agricultura sustentável. Isto requer um esforço concertado para dar prioridade à sustentabilidade no desenvolvimento e implementação de tecnologias de IA, assegurando que estas contribuem positivamente para a saúde do planeta e dos seus habitantes.

Escalabilidade e implementação global

Soluções de IA baseadas na nuvem: As plataformas baseadas na nuvem desempenharão um papel crucial na implementação de modelos CNN para alcançar a escalabilidade. Estas plataformas podem oferecer aos agricultores e agrónomos acesso a poderosas ferramentas de IA sem a necessidade de hardware topo de gama no local. Ao processar dados na nuvem, os modelos CNN podem analisar grandes quantidades de dados de várias fontes em tempo real, fornecendo informações acionáveis em diferentes escalas de operação.

Computação periférica na agricultura: Juntamente com a computação em nuvem, a computação periférica tornar-se-á cada vez mais importante, especialmente em zonas agrícolas remotas com conetividade limitada à Internet. Os agricultores podem obter informações imediatas sobre a saúde das culturas, a deteção de pragas e as condições do solo, executando modelos CNN diretamente em dispositivos locais, como smartphones ou dispositivos IoT. Esta abordagem reduz a dependência da conetividade constante à Internet, tornando as ferramentas de IA mais acessíveis aos agricultores de todo o mundo.

Adaptabilidade à mudança das paisagens agrícolas

Sistemas de aprendizagem contínua: A paisagem agrícola está em constante mudança devido a factores como as alterações climáticas, as modificações genéticas das culturas e a evolução das pragas e doenças. Os modelos de CNN devem, por conseguinte, ser adaptáveis e capazes de aprender com novos dados e experiências. A implementação de sistemas de aprendizagem contínua ou incremental, em que os modelos são regularmente actualizados com novos dados sem esquecer os conhecimentos anteriores, será fundamental para manter a sua precisão e relevância.

Recomendações personalizadas de IA: À medida que as CNNs se tornam mais sofisticadas, existe potencial para desenvolver sistemas de recomendação personalizados para explorações agrícolas individuais. Ao analisar dados específicos de uma determinada exploração agrícola, incluindo rendimentos históricos de culturas, métricas de saúde do solo e condições microclimáticas, os modelos CNN podem fornecer conselhos personalizados sobre rotação de culturas, gestão de pragas e calendários de irrigação, optimizando a produtividade e a sustentabilidade para as condições únicas de cada exploração agrícola.

Inclusão e capacitação dos agricultores sub-representados

Modelos de IA localizados: O desenvolvimento de modelos CNN localizados, treinados com dados de regiões ou tipos de culturas específicos, pode aumentar a sua aplicabilidade e eficácia. Esta localização garante que os modelos estão em sintonia com os desafios e condições únicos das diferentes áreas agrícolas, tornando a tecnologia mais relevante e útil para os agricultores dessas regiões.

Desenvolvimento de IA orientado para a comunidade: Envolver as comunidades agrícolas locais no processo de desenvolvimento da IA pode garantir que as ferramentas e os modelos que estão a ser desenvolvidos satisfazem as necessidades reais daqueles que pretendem ajudar. Isto inclui a recolha de dados destas comunidades e o seu envolvimento nos processos de tomada de decisões de desenvolvimento, implementação e avaliação de modelos.

Colmatar o fosso digital: Devem ser intensificados os esforços para colmatar o fosso digital que existe em muitas partes do mundo. Isto envolve a melhoria das infra-estruturas, o aumento da literacia digital e a disponibilização de ferramentas de IA em várias línguas. Ao abordar estas barreiras, as tecnologias da CNN podem chegar a um público mais vasto, garantindo que os pequenos agricultores e os agricultores marginalizados também beneficiam dos avanços da IA.

Para o sucesso das CNNs em aplicações agrícolas, é fundamental enfrentar o duplo desafio dos conjuntos de dados desequilibrados e da necessidade de aumentar os dados de forma extensiva. Tirando partido de uma combinação de estratégias de aumento direcionadas, geração de dados sintéticos e técnicas de aprendizagem adaptativa, é possível desenvolver modelos precisos e robustos. Estes modelos podem melhorar significativamente a nossa capacidade de monitorizar e gerir a saúde agrícola, conduzindo a uma maior produtividade, sustentabilidade e resiliência face às condições globais em mudança. Através de uma gestão cuidadosa e criativa do conjunto de dados, é possível concretizar todo o potencial das CNNs para transformar as práticas agrícolas, oferecendo soluções promissoras para alguns dos desafios mais prementes em matéria de segurança alimentar e sustentabilidade agrícola.

Desafios e soluções
Melhorar o desempenho da Rede Neural Convolucional (CNN) sob condições de campo variáveis e reduzir o sobreajuste para melhorar a generalização do modelo são desafios críticos na aprendizagem profunda, especialmente para aplicações em áreas como veículos autónomos, monitorização agrícola e análise ambiental, onde as condições podem variar muito. Abaixo estão algumas estratégias e técnicas para enfrentar esses desafios:

Desafios e soluções para condições de campo variáveis

1.		Aumento dos dados: Trata-se de aumentar artificialmente a diversidade do conjunto de dados de treino através da aplicação de várias transformações, como a rotação, o escalonamento, o corte e a inversão. Isto pode ajudar o modelo a generalizar-se melhor a diferentes condições. Para condições de campo variáveis, considere aumentos específicos do domínio, como alterar as condições de iluminação, adicionar efeitos climáticos (chuva, nevoeiro) ou simular diferentes estações.

2.	Adaptação ao domínio: Técnicas como a Aprendizagem por Transferência, em que um modelo treinado num domínio é adaptado para funcionar noutro domínio, ou o Treino Adversário de Domínio, em que o modelo aprende a ser invariável à fonte de entrada (quer seja do domínio original ou de um novo domínio), podem ajudar a melhorar o desempenho em condições variáveis.

3.	Aprendizagem multi-tarefa: A conceção da rede para executar tarefas adicionais (por exemplo, classificação meteorológica e estimativa da hora do dia) em paralelo com o objetivo principal pode ajudar a aprender caraterísticas mais robustas invariantes às condições do terreno.

4.	Recolha de dados de treino diversificados: A recolha e inclusão de dados de uma vasta gama de condições no seu conjunto de treino garante que o modelo é exposto à variedade que irá enfrentar nas aplicações do mundo real.

Estratégias para reduzir o sobreajuste e melhorar a generalização do modelo

1.	Técnicas de regularização:

•	Regularização L1/L2: Adiciona uma penalização à magnitude dos parâmetros de rede para evitar que se tornem demasiado grandes, o que pode ajudar a reduzir o sobreajuste.

•	Desistência: Retira aleatoriamente unidades (juntamente com as suas ligações) da rede neural durante o treino, o que ajuda a evitar que as unidades se co-adaptem demasiado.

2.	Validação cruzada: A utilização de técnicas como a validação cruzada k-fold ajuda a garantir que o desempenho do modelo é consistente em diferentes subconjuntos de dados.

3.	Paragem antecipada: Monitorizar o desempenho do modelo num conjunto de validação e interromper a formação quando o desempenho começa a degradar-se, evitando o sobreajuste dos dados de formação.

4.   Normalização de lote: Normaliza a entrada de cada camada para ter uma média de zero e uma variância de um. Isso pode ajudar a estabilizar e acelerar o processo de treinamento, e também tem um efeito de regularização.

5.   Opções de arquitetura de rede: Optar por arquitecturas que são conhecidas por generalizarem bem. Por exemplo, arquitecturas como as ResNets, que utilizam ligações de salto para treinar redes mais profundas sem degradação, podem ajudar a aprender caraterísticas mais generalizáveis.

6.   Métodos de conjunto: A combinação das previsões de vários modelos pode reduzir o sobreajuste e melhorar a generalização do modelo. As técnicas incluem bagging, boosting e empilhamento de modelos diferentes.

7.   Limpeza e preparação de dados: Garantir que os dados são limpos, bem preparados e representativos do espaço do problema pode melhorar a generalização do modelo. Isto inclui lidar com conjuntos de dados desequilibrados, remover rótulos ruidosos e garantir que a distribuição de dados no treino corresponde o mais possível às condições do mundo real.

8.   Ajuste de hiperparâmetros: O ajuste cuidadoso dos hiperparâmetros do modelo, como a taxa de aprendizagem, o tamanho do lote e os parâmetros específicos da arquitetura, pode ter um impacto significativo na capacidade de generalização do modelo.

Técnicas avançadas e considerações

1.   Programação da taxa de aprendizagem: A implementação de programações de taxa de aprendizagem (por exemplo, decaimento por etapas, decaimento exponencial ou taxas de aprendizagem cíclicas) pode melhorar o treinamento do modelo ajustando a taxa de aprendizagem ao longo do tempo. Isto ajuda o modelo a aprender inicialmente de forma rápida e, em seguida, a afinar mais delicadamente em fases posteriores, potencialmente levando a uma melhor generalização.

2.   Técnicas sofisticadas de aumento de dados: Para além das transformações básicas, a utilização de técnicas mais sofisticadas de aumento de dados, como as Redes Adversárias Generativas (GAN), para gerar dados sintéticos ou utilizar a mistura (em que os exemplos de treino são criados através da combinação de imagens e rótulos) pode aumentar a diversidade do conjunto de treino e melhorar a generalização.

3.   Aprendizagem auto-supervisionada: Envolve a utilização dos próprios dados como supervisão, o que pode ser particularmente útil quando os dados rotulados são

escassos. O modelo pode aprender representações ricas e generalizáveis, aprendendo a prever partes dos dados a partir de outras partes (por exemplo, prever uma parte de uma imagem a partir de outra).

4.   Aprendizagem semi-supervisionada: A combinação de uma pequena quantidade de dados rotulados com uma grande quantidade de dados não rotulados pode ajudar a melhorar o desempenho do modelo. Técnicas como a pseudo-rotulagem (em que as previsões do modelo em dados não rotulados são utilizadas como rótulos para treino posterior) podem efetivamente tirar partido da abundância de dados não rotulados.

5.   Mecanismos de atenção e transformadores: A incorporação de mecanismos de atenção ou a utilização de modelos transformadores pode ajudar a rede a concentrar-se nas partes mais relevantes dos dados de entrada, melhorando potencialmente a robustez do modelo e a generalização para dados não vistos.

6.   Normalização de caraterísticas e estratégias de pooling: A experimentação de diferentes técnicas de normalização (para além da normalização em lote) e estratégias de agrupamento (por exemplo, agrupamento médio vs. agrupamento máximo) pode influenciar a forma como o modelo capta e generaliza a partir dos dados de treino.

7.   Meta-aprendizagem: Técnicas como a aprendizagem de poucos disparos e a aprendizagem para aprender podem ser particularmente úteis em cenários em que o modelo precisa de se adaptar rapidamente a novas condições ou tarefas com um mínimo de dados. Estas abordagens têm como objetivo generalizar as tarefas, melhorando a capacidade do modelo para ter um bom desempenho em condições variáveis.

8.   Interpretabilidade e análise do modelo: Compreender como o modelo toma as suas decisões pode fornecer informações sobre as suas capacidades de generalização. As técnicas de interpretabilidade do modelo, tais como o mapeamento da importância das caraterísticas ou a propagação da relevância por camadas, podem ajudar a identificar potenciais enviesamentos ou sobreajustamento a caraterísticas irrelevantes.

9.   Regularização através da arquitetura: Escolher ou conceber arquitecturas de rede que reduzam inerentemente o sobreajuste através da sua estrutura, tais como camadas convolucionais que partilham pesos e captam inerentemente padrões locais ou redes neuronais recorrentes (RNN) para dados sequenciais que podem generalizar através de passos de tempo.

10.   Incorporação do conhecimento do domínio: A incorporação de conhecimentos específicos do domínio no modelo, quer através da conceção da arquitetura quer através do processo de formação, pode orientar o processo de aprendizagem e melhorar a

generalização. Por exemplo, na imagiologia médica, os modelos podem ser concebidos para se concentrarem em caraterísticas anatomicamente relevantes.

Aprendizagem e adaptação contínuas

Por último, a implementação de estratégias de aprendizagem contínua ou de aprendizagem ao longo da vida pode ser fundamental para os modelos utilizados em aplicações do mundo real em que as condições podem mudar continuamente. Estes modelos são concebidos para aprender gradualmente com novos dados sem esquecer a informação previamente aprendida, permitindo-lhes adaptar-se a novas condições ao longo do tempo.

Integração de tecnologias emergentes

1.	Aprendizagem Quântica de Máquinas (QML): A exploração da integração dos princípios da computação quântica com as CNN poderá oferecer novos paradigmas para o processamento e a aprendizagem a partir de dados, especialmente no tratamento de padrões complexos e espaços de elevada dimensão de forma mais eficiente do que as abordagens clássicas.

2.	IA de ponta e aprendizagem federada: Para aplicações que requerem processamento em tempo real em condições de campo variáveis (por exemplo, veículos autónomos, deteção remota), a implementação de CNNs em dispositivos de ponta e a utilização de aprendizagem federada podem ajudar na aprendizagem a partir de fontes de dados descentralizadas, mantendo a privacidade e reduzindo a latência.

3.	Computação Neuromórfica: A utilização de hardware neuromórfico, que imita as estruturas neuronais do cérebro humano, pode fornecer novas formas de otimizar as CNNs para eficiência energética e velocidade, o que é particularmente benéfico para sistemas de IA que possam ser implementados no terreno e que exijam um baixo consumo de energia e um processamento de elevado desempenho.

Abordagens de aprendizagem em colaboração

1.	Destilação de conhecimentos: A transferência de conhecimentos de um modelo grande e complexo (professor) para um modelo mais pequeno e mais eficiente (aluno) pode ajudar a criar modelos mais leves que mantenham as caraterísticas de desempenho dos seus homólogos maiores e que sejam adequados para utilização em condições de campo variáveis.

2.	Aprendizagem multimodal: As CNNs podem ser melhoradas através da aprendizagem de múltiplas modalidades de dados (por exemplo, combinando dados visuais, auditivos e textuais) através de técnicas de aprendizagem multimodal. Isto pode melhorar a capacidade de generalização do modelo, tirando partido das informações complementares disponíveis em diferentes tipos de dados.

3.   Partilha de dados e benchmarking orientados para a comunidade: Incentivar a partilha de conjuntos de dados e modelos entre a comunidade de investigação, juntamente com referências padronizadas para condições de campo variáveis, pode acelerar o desenvolvimento de CNNs mais robustas e generalizáveis, fornecendo conjuntos de dados diversificados e desafiantes para treino e avaliação.

Considerações éticas e atenuação de preconceitos

1.   Deteção e atenuação de enviesamentos: É crucial trabalhar ativamente para identificar e atenuar os enviesamentos nos dados de treino e nas previsões do modelo, especialmente para aplicações com implicações sociais significativas (por exemplo, reconhecimento facial e vigilância). As técnicas incluem auditorias de enviesamento, modelação consciente da equidade e estratégias de recolha de dados inclusivas.

2.   Transparência e explicabilidade: O desenvolvimento de CNNs com um enfoque na explicabilidade pode ajudar as partes interessadas a compreender as decisões do modelo, promover a confiança e facilitar a identificação de potenciais erros ou enviesamentos no processo de raciocínio do modelo.

3.   Quadros éticos de IA: A adesão a quadros e diretrizes éticos de IA garante que o desenvolvimento e a implementação de CNNs em condições de campo variáveis são conduzidos de forma responsável, dando prioridade aos direitos humanos, à privacidade e à segurança.

Evolução e adaptação contínuas

1.   Arquitecturas adaptativas: A exploração de arquitecturas que podem ajustar dinamicamente a sua estrutura ou parâmetros em resposta a condições de campo variáveis pode oferecer uma forma de manter um elevado desempenho sem intervenção manual.

2.   Aprendizagem ativa: A implementação de estratégias de aprendizagem ativa, em que o modelo identifica e solicita etiquetas para as amostras mais informativas, pode utilizar eficazmente recursos de etiquetagem limitados e melhorar o desempenho em condições novas ou em mudança.

3.   Governação da IA e gestão do ciclo de vida: O estabelecimento de quadros de governação robustos e de práticas de gestão do ciclo de vida das CNN garante que os modelos permanecem eficazes, seguros e éticos durante toda a sua implementação, incluindo actualizações regulares, monitorização e desmantelamento, quando necessário.

Perguntas e respectivas respostas

1) **Qual é o papel do processamento de imagens na agricultura?**

a. O processamento de imagens é crucial para a análise de dados visuais para aumentar a produtividade, monitorizar a saúde das culturas e gerir os recursos de forma eficiente.

2) **Porque é que as técnicas de aquisição de imagens são importantes na agricultura?**

a. São vitais para monitorizar a saúde das culturas, gerir recursos e detetar sinais precoces de doenças ou infestações de pragas, utilizando métodos como imagens de satélite, imagens de drones e câmaras fixas.

3) **Quais são as principais etapas de pré-processamento de imagens agrícolas?**

a. As etapas de pré-processamento incluem normalização, redução de ruído e aumento para preparar os dados para análise.

4) **O que define a arquitetura das CNNs?**

a. A arquitetura da CNN é definida por camadas (convolucionais, de agrupamento, totalmente ligadas) e operações que processam e aprendem com os dados de imagem.

5) **Como é que as camadas convolucionais funcionam?**

a. Detectam conjunções locais de caraterísticas de camadas anteriores, utilizando filtros aprendíveis para captar caraterísticas espaciais.

6) **Qual é o significado das camadas de pooling nas CNNs?**

a. As camadas de pooling reduzem a dimensionalidade dos mapas de caraterísticas, tornando a rede invariável a alterações de escala e orientação.

7) **Porque é que as camadas totalmente ligadas são importantes nas CNNs?**

a. Efectuam raciocínios de alto nível, aprendendo combinações não lineares de caraterísticas para tarefas como a classificação.

8) **Qual o papel das funções de ativação nas CNNs?**

a. Introduzem propriedades não lineares, permitindo que a rede aprenda representações de dados complexas.

9) **Como é que a normalização de lotes melhora o desempenho da CNN?**

a.   Estabiliza a aprendizagem através da normalização das entradas das camadas, reduzindo as épocas de formação necessárias para as redes profundas.

10)   Qual é o objetivo do abandono escolar nas CNN?

a.   Evita o sobreajuste ao eliminar aleatoriamente os neurónios durante o treino, tornando o modelo mais robusto.

11)   Porque é que a anotação de dados é crucial para treinar CNNs para a agricultura?

a.   Anotações exactas fornecem uma base de verdade para a aprendizagem supervisionada, permitindo que as CNNs reconheçam condições específicas.

12)   Como é que o processamento em lote beneficia a formação CNN com dados agrícolas?

a.   Prepara as imagens para um processamento eficiente, especialmente para dados de séries temporais ou grandes conjuntos de dados.

13)   Qual é a importância de calibrar os dados de vários sensores?

a.   A calibração garante uma análise consistente em diferentes sensores, vital para a integração de diversas fontes de dados.

14)   Porquê selecionar bandas espectrais específicas para tarefas agrícolas?

a.   Concentra a análise nos comprimentos de onda relevantes, melhorando o desempenho do modelo ao destacar os principais aspectos dos dados.

15)   O que é a engenharia de caraterísticas no contexto das CNN e da agricultura?

a.   Transforma os dados em bruto para realçar a informação relevante, melhorando a aprendizagem de modelos a partir de cenas agrícolas.

16)   Como é que a integração de dados temporais beneficia a análise CNN na agricultura?

a.   Capta as alterações ao longo do tempo, fornecendo informações sobre o desenvolvimento das culturas e apoiando a modelação preditiva.

17)   Porque é que o aumento de dados é utilizado na formação de CNNs para a agricultura?

a.   Aumenta a representação de acontecimentos raros, melhorando a robustez do modelo e as capacidades de deteção.

18)   Como é que a integração de dados que não sejam de imagem pode melhorar a análise CNN na agricultura?

a.   A sua combinação com dados de imagem num quadro multimodal permite a consideração de factores mais amplos que afectam as culturas.

19)   Que medidas garantem a privacidade e a segurança dos dados nas aplicações agrícolas da CNN?

a.   A implementação de protocolos de proteção de dados, especialmente no caso de dados obtidos por drones ou por crowdsourcing, responde às preocupações com a privacidade.

20)   Como é que as CNN contribuem para a agricultura de precisão?

a.   Ao processar e aprender com diversas fontes de dados, as CNN permitem uma monitorização e uma gestão mais precisas das culturas, melhorando a tomada de decisões e a eficiência operacional na agricultura.

CAPÍTULO 3

Implementação da CNN para o controlo das plantações de cacau

Este capítulo aborda a aplicação de CNNs na monitorização de plantações de cacau, apresentando estudos de caso e exemplos reais de implementações de CNNs. Abrange a utilização de CNNs para a deteção de doenças e pragas, a análise da saúde das culturas e do solo e a análise preditiva do rendimento. As vantagens das imagens aéreas e os desafios no processamento de dados em grande escala de drones e satélites também são discutidos, oferecendo uma visão abrangente do potencial e das limitações das CNNs na melhoria das práticas de gestão das plantações de cacau.

Estudos de caso da CNN na monitorização de plantações

As Redes Neuronais Convolucionais (CNN) têm sido cada vez mais aplicadas na tecnologia agrícola, em particular na monitorização de plantações, para melhorar a gestão das culturas, a deteção de doenças e a previsão do rendimento. Essas aplicações aproveitam o poder das CNNs para analisar dados visuais complexos de satélites, drones e sensores terrestres.

Exemplos do mundo real onde as CNNs foram implementadas com sucesso

As Redes Neuronais Convolucionais (CNN) revolucionaram vários sectores para além da agricultura, demonstrando a sua versatilidade e poder no tratamento de tarefas complexas em todas as indústrias. Abaixo estão vários exemplos do mundo real onde as CNNs foram implementadas com sucesso, destacando o seu impacto e a diversidade das suas aplicações:

1. Cuidados de saúde e imagiologia médica

- **Projeto**: No diagnóstico de doenças a partir de imagens médicas, como raios X, ressonâncias magnéticas e tomografias computorizadas, as CNNs têm sido fundamentais. Por exemplo, uma aplicação notável é a deteção de retinopatia diabética em imagens da retina. Ferramentas automatizadas alimentadas por CNNs analisam fotografias da retina para detetar sinais desta doença, permitindo a deteção precoce e o tratamento para evitar a perda de visão.

- **Impacto**: Esta aplicação aumenta significativamente a eficiência e a precisão dos diagnósticos, permitindo aos prestadores de cuidados de saúde identificar e tratar doenças muito mais cedo do que os métodos tradicionais.

2. Veículos autónomos e sistemas avançados de assistência ao condutor (ADAS)

•	**Projeto**: As CNNs estão no centro dos sistemas de visão computacional utilizados em veículos autónomos e ADAS, permitindo que estes sistemas reconheçam e classifiquem objectos no seu ambiente, tais como outros veículos, peões, sinais de trânsito e marcas de faixa de rodagem.

•	**Impacto**: Esta tecnologia é crucial para a segurança e a fiabilidade dos sistemas de condução autónoma, contribuindo para reduzir os acidentes e melhorar a eficiência do tráfego.

3. Reconhecimento facial e sistemas de segurança

•	**Projeto**: A tecnologia de reconhecimento facial, utilizada em sistemas de segurança e vigilância e em produtos electrónicos de consumo para autenticação (por exemplo, desbloqueio de smartphones), baseia-se fortemente nas CNN. Estas redes são treinadas em vastos conjuntos de dados de rostos para identificar com precisão os indivíduos, mesmo em condições de iluminação e ângulos variáveis.

•	**Impacto**: Isto tem implicações significativas para a segurança, o acesso a dispositivos pessoais e mesmo no trabalho jurídico e forense, simplificando os processos de identificação com elevada precisão.

4. Processamento de linguagem natural (PNL) e análise de texto

•	**Projeto**: Embora sejam tradicionalmente do domínio das Redes Neuronais Recorrentes (RNNs) e dos Transformadores, as CNNs também têm sido aplicadas com sucesso em tarefas de PNL, como a classificação de frases, a categorização de tópicos e até mesmo em partes de sistemas de tradução automática. Podem captar a estrutura hierárquica da linguagem, processando o texto como uma sequência de caracteres ou de palavras incorporadas.

•	**Impacto**: Este facto aumenta a capacidade das máquinas para compreender e gerar linguagem humana, melhorando as interfaces e a acessibilidade da informação através de tecnologias como os assistentes virtuais e os sistemas de recuperação de informação.

5. Pesquisa visual e de retalho

•	**Projeto**: No sector do retalho, as CNNs possibilitam capacidades de pesquisa visual, permitindo aos utilizadores procurar produtos através do carregamento de imagens. Esta tecnologia é utilizada por plataformas de comércio eletrónico para melhorar a experiência do cliente, permitindo-lhe encontrar produtos semelhantes à imagem que fornece.

- **Impacto**: Impulsiona as vendas e melhora a satisfação do cliente ao tornar a descoberta de produtos mais intuitiva e alinhada com as preferências do utilizador.

6. Monitorização e conservação do ambiente

- **Projeto**: As CNN são utilizadas para processar imagens aéreas e de satélite para tarefas como a deteção de desflorestação, o rastreio da vida selvagem e a monitorização da saúde dos recifes de coral. Por exemplo, os algoritmos podem identificar automaticamente alterações na cobertura florestal ou classificar espécies em imagens de drones.

- **Impacto**: Estas aplicações são fundamentais para os esforços de conservação, permitindo a monitorização em tempo real das alterações ambientais e do impacto das actividades humanas nos habitats naturais.

7. Entretenimento e arte

- **Projeto**: Na indústria do entretenimento, as CNNs têm sido utilizadas para gerar gráficos de computador realistas e efeitos especiais, bem como para criar nova arte através de técnicas como a transferência de estilo, em que o estilo de uma imagem é aplicado ao conteúdo de outra.

- **Impacto**: Isto abre novos caminhos criativos e reduz o tempo e o custo da produção de conteúdos, tornando os efeitos visuais de alta qualidade mais acessíveis.

8. Análise e vigilância de vídeo

- **Projeto**: As CNNs transformaram os sistemas de vigilância através da análise automatizada de vídeo, permitindo a deteção de actividades invulgares, a análise de multidões e o seguimento de veículos em tempo real. Por exemplo, em projectos de cidades inteligentes, as CNNs analisam imagens de câmaras de segurança pública para melhorar a segurança urbana e gerir o fluxo de tráfego.

- **Impacto**: Esta aplicação melhora a segurança pública e optimiza a gestão do tráfego, reduzindo o congestionamento e os acidentes nas zonas urbanas.

9. Análise desportiva e melhoria do desempenho

- **Projeto**: Na indústria do desporto, as CNNs são utilizadas para analisar vídeos de jogos e sessões de treino para acompanhar os movimentos dos jogadores, as tácticas e o desempenho geral da equipa. Estes dados fornecem aos treinadores e atletas informações para aperfeiçoar estratégias e melhorar o desempenho.

- **Impacto**: A tecnologia melhora as estratégias competitivas e os métodos de formação, conduzindo a níveis mais elevados de desempenho e a experiências mais envolventes para os espectadores através de análises enriquecidas.

10. Fabrico e controlo da qualidade

- **Projeto**: Na indústria transformadora, as CNNs são aplicadas no controlo de qualidade, inspeccionando os produtos da linha de montagem em busca de defeitos ou desvios das normas. Estes sistemas podem identificar problemas com elevada precisão, superando frequentemente os métodos de inspeção manual em termos de velocidade e precisão.

- **Impacto**: Isto assegura uma maior qualidade do produto, reduz os resíduos e os custos, contribuindo para processos de fabrico mais eficientes e sustentáveis.

11. Realidade Aumentada (RA) e Realidade Virtual (RV)

- **Projeto**: As CNNs desempenham um papel crucial nas aplicações de RA e RV, permitindo o reconhecimento de imagens e cenas em tempo real, essencial para a sobreposição de informações digitais no mundo real ou para a criação de ambientes virtuais imersivos. Por exemplo, em aplicações de navegação baseadas em AR, as CNNs analisam o feed da câmara para fornecer informações contextuais sobre pontos de referência e direcções.

- **Impacto**: Isto melhora as experiências dos utilizadores em jogos, educação e navegação, proporcionando ambientes imersivos e interactivos que misturam conteúdos digitais com o mundo real.

12. Robótica e automatização

- **Projeto**: Na robótica, as CNNs facilitam o reconhecimento de objectos, a navegação e as tarefas de manipulação, permitindo que os robôs executem tarefas complexas em ambientes não estruturados, tais como a triagem de artigos em centros logísticos ou a assistência em procedimentos cirúrgicos.

- **Impacto**: Esta aplicação promove a automatização em vários sectores, desde os cuidados de saúde à logística, melhorando a eficiência e a precisão e permitindo novas capacidades de assistência robótica.

13. Serviços financeiros

- **Projeto**: As CNNs são utilizadas no sector financeiro para deteção de fraudes em transacções e verificação de documentos. Ao analisar padrões em dados de transacções ou caraterísticas de autenticidade em documentos, as CNNs podem assinalar actividades potencialmente fraudulentas ou verificar identidades com elevada fiabilidade.

- **Impacto**: Esta medida reforça as medidas de segurança nas transacções e serviços financeiros, reduzindo o risco de fraude e aumentando a confiança dos clientes.

14. Resposta e recuperação em caso de catástrofe

- **Projeto**: As CNNs analisam imagens aéreas e de satélite para avaliar os danos após desastres naturais, como terramotos, furacões ou inundações. Isto permite uma avaliação rápida das áreas afectadas, identificando as infra-estruturas danificadas e dando prioridade aos esforços de resposta.

- **Impacto**: Esta capacidade é crucial para uma resposta e recuperação eficientes em caso de catástrofe, ajudando a salvar vidas e a restabelecer os serviços mais rapidamente, informando as operações de salvamento e de ajuda com dados atempados e exactos.

15. Educação e aprendizagem em linha

- **Projeto**: Na educação, as CNNs são utilizadas para desenvolver materiais de aprendizagem interactivos e adaptáveis. Por exemplo, podem analisar os padrões de trabalho ou de envolvimento dos alunos para fornecer feedback ou recomendações personalizadas, melhorando a experiência de aprendizagem.

- **Impacto**: Isto personaliza a educação, tornando a aprendizagem mais cativante e eficaz, adaptando-se às necessidades individuais dos alunos e às suas taxas de progresso.

16. Agricultura inteligente e segurança alimentar

- **Direção futura**: Aproveitamento das CNNs para técnicas de agricultura inteligente mais avançadas, incluindo agricultura de precisão, monitorização da saúde do solo e controlo automático de pragas. Ao analisar dados de várias fontes, como satélites, drones e sensores terrestres, as CNNs podem otimizar a utilização de recursos (água, nutrientes, pesticidas) e melhorar as previsões de rendimento das culturas.

- **Impacto**: Este projeto poderá contribuir significativamente para a segurança alimentar mundial, tornando a agricultura mais eficiente, sustentável e resistente às alterações climáticas.

17. Análise e atenuação das alterações climáticas

- **Direção futura**: Aplicar CNNs para modelar e prever os efeitos das alterações climáticas, analisando grandes conjuntos de dados de modelos climáticos, imagens de satélite e padrões meteorológicos históricos. Isto pode ajudar a identificar ecossistemas vulneráveis, prever fenómenos meteorológicos extremos e avaliar o impacto de várias estratégias de atenuação.

• **Impacto**: Os modelos preditivos melhorados podem informar as decisões políticas, orientar a afetação de recursos para a resiliência climática e apoiar os esforços para atenuar os efeitos das alterações climáticas à escala global.

18. Investigação biomédica avançada e medicina personalizada

• **Direção futura**: As CNNs poderão revolucionar a investigação biomédica, permitindo uma análise genética mais precisa, a previsão da estrutura das proteínas e a compreensão de processos biológicos complexos. Na medicina personalizada, as CNNs podem analisar dados de pacientes para adaptar tratamentos a perfis genéticos individuais, melhorando os resultados do tratamento.

• **Impacto**: Este facto tem o potencial de melhorar drasticamente o diagnóstico, o tratamento e a prevenção de doenças, conduzindo a soluções de cuidados de saúde mais eficazes e adaptadas às necessidades individuais.

19. Entretenimento interativo de próxima geração

• **Direção futura**: As CNN poderão melhorar o entretenimento interativo e os meios de comunicação social através de experiências de realidade aumentada (RA) mais imersivas, IA de jogos sofisticada e criação de conteúdos personalizados. Por exemplo, as CNNs podem gerar ambientes virtuais realistas ou modificar imagens do mundo real em tempo real para aplicações de RA.

• **Impacto**: Isto criará experiências de entretenimento mais envolventes e personalizadas, transformando a forma como as pessoas interagem com os conteúdos digitais e entre si em linha.

20. Materiais e fabrico avançados

• **Direção futura**: Utilização de CNNs para analisar materiais ao nível microscópico para descobrir novos materiais e otimizar os processos de fabrico. Ao identificar padrões e propriedades não aparentes para os especialistas humanos, as CNNs podem acelerar o desenvolvimento de materiais mais fortes, mais leves e mais sustentáveis.

• **Impacto**: Isto poderá levar a avanços em várias indústrias, incluindo a aeroespacial, a automóvel e a eletrónica, ao permitir a produção de materiais mais eficientes e amigos do ambiente.

21. Planeamento urbano e cidades inteligentes

- **Direção futura**: As CNNs podem desempenhar um papel crucial no desenvolvimento de cidades inteligentes, analisando dados de câmaras de tráfego, sensores e redes sociais para otimizar o fluxo de tráfego, a utilização de energia e os serviços públicos. Além disso, as CNNs podem ajudar no planeamento urbano, simulando o impacto de diferentes estratégias de desenvolvimento na dinâmica da cidade.

- **Impacto**: Aumento da eficiência urbana, redução da pegada ambiental e melhoria da qualidade de vida dos habitantes das cidades, tornando-as mais reactivas às necessidades dos seus habitantes.

22. IA ética e redução de preconceitos

- **Direcções futuras**: Desenvolver CNNs com mecanismos incorporados para detetar e atenuar enviesamentos nos dados e nas previsões dos modelos. Isto implica a criação de modelos mais transparentes e interpretáveis que possam explicar as suas decisões e sejam treinados em conjuntos de dados diversificados e inclusivos.

- **Impacto**: Promover a equidade, a transparência e a responsabilidade nas aplicações de IA, garantindo que os avanços tecnológicos beneficiam todos os segmentos da sociedade de forma igual.

23. Integração da aprendizagem automática quântica (QML)

- **Direção futura**: A fusão de CNNs com a Aprendizagem Automática Quântica (QML) poderá desbloquear capacidades computacionais sem precedentes, especialmente no tratamento de tarefas que envolvam padrões complexos ou conjuntos de dados maciços. As CNNs quânticas poderão processar informação de forma a ultrapassar largamente as capacidades das arquitecturas de computação clássicas, tornando-as ideais para resolver problemas complexos em física, química e outros.

- **Impacto**: Esta integração poderá acelerar a descoberta de medicamentos, a investigação no domínio da ciência dos materiais e as simulações de sistemas complexos, contribuindo significativamente para os avanços científicos e a inovação tecnológica.

24. Medidas reforçadas de cibersegurança

- **Direção futura**: As CNNs estão preparadas para se tornarem mais integradas nos esforços de cibersegurança, analisando o tráfego de rede em tempo real para detetar anomalias, prever potenciais ameaças e automatizar estratégias de resposta. A sua capacidade de processar e aprender com grandes quantidades de dados pode ajudar a identificar padrões subtis indicativos de ciberataques ou vulnerabilidades do sistema.

- **Impacto**: A deteção proactiva e a atenuação das ameaças à cibersegurança poderão proteger as infra-estruturas críticas, salvaguardar os dados pessoais e garantir a integridade dos sistemas digitais num mundo cada vez mais conectado.

25. Exploração do espaço profundo

- **Direcções futuras**: Na exploração espacial, as CNNs poderão analisar dados de telescópios e sondas espaciais para identificar objectos celestes, analisar superfícies planetárias e até procurar sinais de vida extraterrestre. A sua capacidade de processar e interpretar dados visuais complexos pode melhorar a nossa compreensão do universo.

- **Impacto**: Isto poderá levar a novas descobertas astronómicas, melhorar a navegação e a análise das missões espaciais e, potencialmente, identificar exoplanetas habitáveis, fazendo avançar a nossa busca de conhecimentos sobre o cosmos.

26. IA emocional e interação humana

- **Direcções futuras**: As CNN poderão ser utilizadas para interpretar as emoções humanas e os sinais sociais com maior precisão, permitindo que os sistemas de IA respondam às necessidades e comportamentos humanos com mais nuances e empatia. Isto envolve a análise de expressões faciais, linguagem corporal e tons vocais para compreender estados e intenções emocionais.

- **Impacto**: Este avanço poderá revolucionar a interação homem-computador, tornando os assistentes de IA, os bots de atendimento ao cliente e as ferramentas educativas mais reactivos e personalizados, melhorando as experiências do utilizador e o bem-estar emocional.

27. Soluções energéticas sustentáveis

- **Direção futura**: Aplicação de CNNs para otimizar os sistemas energéticos, desde redes inteligentes que equilibram dinamicamente a oferta e a procura até ao desenvolvimento de tecnologias de energias renováveis mais eficientes. Ao analisar padrões de consumo de energia e dados ambientais, as CNNs podem ajudar a conceber e gerir sistemas de energia que minimizem o desperdício e reduzam o impacto ambiental.

- **Impacto**: Este facto poderá ser crucial na transição para fontes de energia sustentáveis, no combate às alterações climáticas, na promoção da independência energética e na garantia de um futuro mais limpo e sustentável.

28. Preservação da língua e do património cultural

• **Direcções futuras**: As CNN podem ajudar a preservar línguas e património cultural ameaçados de extinção, analisando e interpretando textos antigos, artefactos e tradições orais. Através do reconhecimento de padrões e da aprendizagem automática, estas redes podem revelar o significado histórico e cultural de materiais que ainda não foram totalmente compreendidos.

• **Impacto**: Esta medida apoiará a preservação e a revitalização da diversidade cultural global, ajudando a documentar e a partilhar o conhecimento e o património humanos entre gerações.

29. Próteses avançadas e aumento da capacidade humana

• **Direcções futuras**: As CNN poderão melhorar a funcionalidade dos membros protésicos e dos dispositivos de aumento humano, permitindo-lhes interpretar mais eficazmente os sinais neurais e os dados ambientais. Isto pode levar a próteses que ofereçam movimentos naturais e feedback sensorial, imitando de perto os membros biológicos.

• **Impacto**: Os melhoramentos na tecnologia protésica poderão melhorar significativamente a qualidade de vida das pessoas com deficiência, proporcionando maior independência e mobilidade e abrindo novas possibilidades de aumento da capacidade humana.

30. Sistemas de ensino personalizados

• **Direção futura**: As CNNs poderão revolucionar o panorama educativo, permitindo o desenvolvimento de sistemas de aprendizagem altamente personalizados. Ao analisar as interações, os estilos de aprendizagem e o desempenho dos alunos, estes sistemas podem adaptar-se em tempo real para oferecer conteúdos, ritmos e estratégias de aprendizagem personalizados, adequados às necessidades de cada indivíduo.

• **Impacto**: Esta abordagem poderá democratizar a educação, proporcionando experiências de aprendizagem personalizadas e de elevada qualidade a estudantes de todo o mundo, independentemente da sua localização geográfica ou estatuto socioeconómico, reduzindo assim as disparidades educativas e promovendo uma sociedade mais informada.

31. Monitorização e Conservação Ambiental Avançada

• **Direcções futuras**: Aproveitar as CNNs para esforços mais sofisticados de monitorização e conservação ambiental, como o acompanhamento de populações de animais selvagens, a monitorização da desflorestação e a previsão de alterações ecológicas. Ao processar dados de imagens de satélite, drones e sensores terrestres, as CNNs podem fornecer informações sobre as tendências ambientais e o impacto das actividades humanas nos habitats naturais.

- **Impacto**: Uma melhor gestão ambiental, políticas de conservação informadas e esforços de recuperação orientados poderão atenuar os efeitos das alterações climáticas e da perda de biodiversidade, garantindo a sustentabilidade do nosso planeta para as gerações futuras.

32. Descobertas no domínio da ciência dos materiais

- **Direção futura**: As CNNs estão preparadas para acelerar as descobertas na ciência dos materiais, prevendo as propriedades de novos materiais e simulando o seu comportamento em várias condições. Isto poderá levar ao desenvolvimento de novos materiais com propriedades adaptadas a aplicações específicas, como compósitos ultra-resistentes, células solares eficientes ou novos catalisadores para energia limpa.

- **Impacto**: A criação de materiais inovadores poderá impulsionar avanços tecnológicos em todos os sectores, desde as energias renováveis e a eletrónica até à biomedicina e à indústria aeroespacial, contribuindo para uma sociedade mais sustentável e tecnologicamente avançada.

33. Melhoria da previsão e da resposta a catástrofes

- **Direcções futuras**: A aplicação de CNNs na previsão e resposta a catástrofes pode melhorar significativamente a nossa capacidade de prever catástrofes naturais, como furacões, terramotos e incêndios florestais, e de avaliar o seu potencial impacto. Ao analisar padrões em dados históricos e entradas em tempo real de vários sensores, as CNNs podem ajudar a prever catástrofes com maior precisão e a planear respostas eficazes.

- **Impacto**: Esta capacidade poderá salvar vidas, reduzir as perdas económicas e aumentar a resistência às catástrofes naturais, permitindo uma melhor preparação e esforços mais eficientes de resposta a emergências.

34. Sistemas inteligentes de cuidados de saúde

- **Direção futura**: As CNNs poderão estar na base do desenvolvimento de sistemas de saúde inteligentes que forneçam informações preditivas sobre a saúde do paciente, recomendações de tratamento personalizadas e monitorização em tempo real das condições de saúde. Estes sistemas podem ajudar a prevenir doenças, otimizar tratamentos e melhorar os resultados de saúde através da análise de registos médicos, informação genética e dados sobre o estilo de vida.

*   **Impacto**: Isto transformaria a prestação de cuidados de saúde, tornando-a mais proactiva, personalizada e eficiente, conduzindo, em última análise, a populações mais saudáveis e à redução dos custos dos cuidados de saúde.

35. Desenvolvimento ético e responsável da IA

*   **Direção futura**: À medida que as CNNs se tornam mais integradas em vários aspectos da vida, a ênfase no desenvolvimento ético e responsável da IA irá aumentar. Isto implica garantir a transparência, a justiça e a responsabilidade nos sistemas de IA, abordar os preconceitos e considerar as implicações sociais e éticas das tecnologias de IA.

*   **Impacto**: Fomentar a confiança nos sistemas de IA e garantir que são utilizados em benefício da humanidade, promovendo a equidade e protegendo os direitos individuais e a privacidade.

36. Limpeza ambiental autónoma

*   **Direcções futuras**: As CNNs poderão impulsionar sistemas autónomos concebidos para esforços de limpeza ambiental, como a remoção de plástico dos oceanos, drones de reflorestação e sistemas automatizados para a remediação de locais contaminados. Estes sistemas podem funcionar de forma eficiente e em escala, analisando dados ambientais e identificando as áreas que mais necessitam de intervenção.

*   **Impacto**: Reduzindo significativamente a poluição ambiental e ajudando na restauração de ecossistemas naturais, esta aplicação de CNNs poderia desempenhar um papel crucial no combate à degradação ambiental e na promoção do equilíbrio ecológico.

37. Exploração Arqueológica Avançada

*   **Direção futura**: A utilização de CNNs para exploração arqueológica poderá transformar a nossa compreensão da história e pré-história humanas. Ao analisar imagens de satélite, dados LiDAR e radares de penetração no solo, as CNN podem ajudar a identificar potenciais sítios arqueológicos, analisar dados de escavações e reconstruir artefactos e estruturas antigas.

*   **Impacto**: Isto poderá levar a descobertas inovadoras sobre civilizações antigas, oferecendo novos conhecimentos sobre a evolução cultural e tecnológica humana e ajudando a preservar o nosso património comum.

38. Criatividade e conceção reforçadas pela aprendizagem profunda

- **Direção futura**: As CNN poderão melhorar ainda mais as ferramentas de criatividade e design em vários domínios, incluindo a arquitetura, a moda e a arte digital. Ao processarem e aprenderem com vastas colecções de elementos de design, estas redes podem ajudar a gerar conceitos e visualizações inovadores que sejam simultaneamente novos e esteticamente agradáveis.

- **Impacto**: Esta fusão da IA com a criatividade humana poderá conduzir a um novo renascimento do design e da arte, alargando os limites da imaginação e permitindo aos criadores explorar ideias anteriormente inatingíveis.

39. Redes de comunicação da próxima geração

- **Direção futura**: A implantação de CNNs na otimização e gestão de redes de comunicação, incluindo o campo em expansão do 5G e mais além, pode garantir que estas redes sejam mais eficientes, fiáveis e seguras. Ao analisar os padrões de tráfego e prever a procura, as CNNs podem atribuir dinamicamente recursos para onde são mais necessários.

- **Impacto**: Isto poderá conduzir a redes de comunicação mais rápidas, mais robustas e mais eficientes do ponto de vista energético, facilitando o crescimento da Internet das Coisas (IoT), das cidades inteligentes e de outras tecnologias dependentes de uma conetividade sem descontinuidades.

40. Acessibilidade e tecnologias de apoio

- **Direção futura**: As CNNs têm o potencial de revolucionar as tecnologias de assistência a pessoas com deficiência. Ao interpretar dados visuais, auditivos e sensoriais, estes sistemas podem fornecer assistência em tempo real, como auxiliares de navegação para deficientes visuais, ferramentas de comunicação para pessoas surdas ou com dificuldades auditivas e próteses avançadas que imitam melhor o movimento natural.

- **Impacto**: Ao melhorar a acessibilidade e a independência das pessoas com deficiência, esta aplicação das CNN poderá melhorar significativamente a qualidade de vida, promovendo uma sociedade mais inclusiva.

41. Logística Global e Otimização da Cadeia de Abastecimento

- **Direção futura**: As CNNs poderiam ser parte integrante da otimização da logística global e das cadeias de abastecimento, analisando padrões no comércio global, logística de transportes e previsão da procura. Isto permitiria uma distribuição mais eficiente de bens, reduziria o desperdício e garantiria a resiliência das cadeias de abastecimento contra interrupções.

- **Impacto**: Isto poderia conduzir a sistemas de comércio global mais sustentáveis e eficientes, reduzindo o impacto ambiental e assegurando que os bens e recursos são distribuídos de forma mais equitativa a nível mundial.

42. Tecnologias espaciais e exploração extraterrestre

- **Direcções futuras**: Na exploração espacial, as CNNs podem ser utilizadas para analisar dados de telescópios, naves espaciais e rovers, melhorando a nossa capacidade de explorar e compreender o nosso sistema solar e mais além. Isto inclui a análise de fenómenos celestes, a orientação de naves espaciais autónomas e a identificação de potenciais locais para a colonização humana.

- **Impacto**: Avançar o nosso conhecimento do universo, apoiar futuras missões tripuladas a outros planetas e potencialmente identificar formas de vida extraterrestre ou planetas habitáveis.

43. Saúde e bem-estar digitais personalizados

- **Direção futura**: As CNNs podem alimentar plataformas digitais de saúde personalizadas que monitorizam, analisam e prevêem riscos de saúde individuais e necessidades de bem-estar com base numa combinação de dados genéticos, ambientais e de estilo de vida. Estas plataformas podem oferecer conselhos personalizados, prever potenciais problemas de saúde antes de se tornarem graves e sugerir intervenções para manter uma saúde óptima.

- **Impacto**: Isto poderá revolucionar a medicina preventiva e os cuidados de saúde, deslocando o foco do tratamento para a prevenção e melhorando significativamente a esperança e a qualidade de vida através de estratégias personalizadas de otimização da saúde.

44. Reforço da preparação e da atenuação das catástrofes

- **Direcções futuras**: Ao analisar dados de uma variedade de fontes, incluindo imagens de satélite, redes sociais e dispositivos IoT, as CNNs podem melhorar a preparação para catástrofes e os esforços de mitigação. Isto inclui prever o percurso e o impacto de tempestades, terramotos e incêndios florestais com maior precisão e identificar as respostas mais eficazes para minimizar os danos e salvar vidas.

- **Impacto**: A capacidade de prever e responder melhor às catástrofes naturais poderá reduzir drasticamente o seu custo humano e económico, tornando as comunidades mais resistentes e mais bem preparadas para os desafios colocados pelas alterações climáticas.

45. Ferramentas e métodos pedagógicos revolucionários

- **Direção futura**: As CNN poderão estar na base da próxima geração de ferramentas e métodos educativos, oferecendo experiências de aprendizagem imersivas e interactivas que se adaptam ao estilo e ritmo do aluno. Ao analisar as interações e o progresso dos alunos, estas ferramentas podem fornecer feedback personalizado, sugerir recursos e ajustar os desafios em tempo real para otimizar os resultados da aprendizagem.

- **Impacto**: Isto poderia democratizar a educação, tornando a aprendizagem personalizada e de alta qualidade acessível a estudantes de todo o mundo, independentemente da sua origem, e potencialmente colmatando o fosso educativo global.

46. Manutenção Preditiva Avançada na Indústria

- **Direcções futuras**: Em ambientes industriais, as CNNs podem ser utilizadas para manutenção preditiva, analisando dados de sensores e máquinas para prever falhas antes que elas ocorram. Isto inclui a deteção de anomalias no funcionamento, a previsão do desgaste e a programação da manutenção para evitar períodos de inatividade.

- **Impacto**: Esta aplicação pode reduzir significativamente os custos de manutenção, aumentar a eficiência operacional e prolongar a vida útil do equipamento industrial, contribuindo para práticas de fabrico mais sustentáveis.

47. Governação e regulamentação éticas da IA

- **Direção futura**: À medida que as CNNs e outras tecnologias de IA se tornam mais difundidas, será essencial desenvolver quadros robustos para a governação e regulamentação éticas da IA. Isto inclui a criação de normas de transparência, responsabilidade e justiça nos sistemas de IA e a garantia de que são concebidos e utilizados de forma a respeitar os direitos humanos e a promover o bem-estar social.

- **Impacto**: A governação e a regulamentação eficazes da IA podem promover a confiança do público nas tecnologias de IA, garantir que os seus benefícios sejam amplamente partilhados e evitar danos ou consequências não intencionais da sua implantação.

48. Sistemas Ambientais Cognitivos

- **Direção futura**: As CNN poderão impulsionar o desenvolvimento de sistemas cognitivos e ambientais que monitorizam, modelam e gerem os ecossistemas em tempo real. Estes sistemas poderão analisar dados ambientais complexos para prever alterações, identificar ameaças à biodiversidade e informar os esforços de conservação, permitindo uma gestão proactiva dos ecossistemas.

• **Impacto**: Esta ação poderá conduzir a estratégias de conservação mais eficazes, à melhoria da biodiversidade e à gestão sustentável dos recursos naturais, ajudando a preservar o planeta para as gerações futuras.

49. Investigação social e económica baseada na IA

• **Direção futura**: As CNNs podem analisar dados sociais e económicos em grande escala para descobrir padrões, tendências e conhecimentos que informem a elaboração de políticas e a investigação. Ao processar dados de várias fontes, incluindo redes sociais, relatórios económicos e estudos demográficos, as CNN podem compreender melhor a dinâmica social e as condições económicas.

• **Impacto**: Isto poderá conduzir a decisões políticas mais informadas, a programas sociais mais bem orientados e a uma compreensão mais profunda dos factores de crescimento económico e de desigualdade, contribuindo para sociedades mais equitativas e sustentáveis.

50. Comunicação e exploração interestelar

• **Direção futura**: Na exploração espacial, as CNN poderão um dia desempenhar um papel na interpretação de sinais do espaço profundo ou na análise de dados de missões de exploração muito para além do nosso sistema solar. Estas redes poderiam ajudar a decifrar potenciais comunicações de inteligência extraterrestre ou analisar dados de sondas interestelares.

• **Impacto**: Isto poderia expandir a nossa compreensão do universo, potencialmente estabelecendo contacto com vida extraterrestre ou descobrindo novos mundos, marcando um salto monumental na exploração humana e no conhecimento do cosmos.

CNN para deteção de doenças e pragas

As Redes Neuronais Convolucionais (CNN) estão na vanguarda da revolução das práticas agrícolas, particularmente na deteção de doenças e pragas. A capacidade das CNNs para processar e analisar dados visuais complexos torna-as excecionalmente adequadas para identificar doenças específicas e infestações de pragas nas culturas. A integração dos resultados das CNN com estratégias de intervenção constitui uma abordagem abrangente para gerir estes desafios, melhorando a saúde e o rendimento das culturas.

Como as CNNs identificam doenças específicas e infestações de pragas

As Redes Neuronais Convolucionais (CNN) tornaram-se uma força transformadora na tecnologia agrícola, particularmente na identificação precisa de doenças de plantas e infestações de pragas. Esta revolução resulta da sua capacidade de processar e analisar grandes quantidades de dados visuais, extraindo padrões complexos indicativos de vários problemas fitossanitários (Kleizen et al., 2023). A viagem desde a recolha de imagens até aos conhecimentos acionáveis envolve várias etapas sofisticadas, cada uma delas crítica para a eficácia global das CNN em aplicações agrícolas. O passo inicial para utilizar as CNNs na deteção de doenças e pragas é a recolha e o pré-processamento de imagens. As imagens de alta resolução das culturas são capturadas utilizando drones, satélites, dispositivos portáteis ou câmaras fixas colocadas nos campos. Estas imagens são ricas em pormenores, mostrando sintomas visíveis como lesões, alterações de cor, murchidão ou padrões de crescimento invulgares que indicam problemas de saúde. O pré-processamento destas imagens é crucial; envolve o redimensionamento, o aumento do contraste e, por vezes, a segmentação das imagens para isolar áreas de interesse (por exemplo, folhas, caules, frutos) para uma análise mais direcionada. Este pré-processamento garante que os dados de entrada são uniformes e realça as caraterísticas mais relevantes para a identificação de doenças e pragas (Anggraini et al., 2021).

Após a preparação dos dados, a fase seguinte consiste em treinar o modelo CNN com um conjunto de dados cuidadosamente rotulado. Este conjunto de dados consiste em imagens anotadas com diagnósticos precisos, identificando doenças ou pragas específicas. Os especialistas em patologia vegetal efectuam frequentemente este processo de rotulagem para garantir a precisão. Na fase de treino, a CNN aprende a reconhecer os padrões associados a cada condição. A rede ajusta os seus pesos e enviesamentos através da otimização para minimizar o erro entre as suas previsões e as etiquetas reais. Este treino permite à CNN desenvolver uma representação interna de diferentes doenças e pragas com base nas caraterísticas extraídas das imagens. Um dos aspectos mais notáveis das CNN é a sua capacidade de aprender e extrair automaticamente caraterísticas relevantes das imagens de treino. Ao contrário das abordagens tradicionais que exigem uma seleção manual das caraterísticas, as CNN identificam e organizam hierarquicamente as caraterísticas de forma independente. As camadas iniciais podem captar atributos básicos, como arestas e texturas, enquanto as camadas mais profundas podem identificar padrões mais complexos específicos de diferentes tipos de stress vegetal (Bahroun et al., 2023). Esta extração automática de caraterísticas é fundamental, pois permite que as CNN se adaptem a uma vasta gama de doenças e pragas, mesmo àquelas com pistas visuais subtis.

Após o treino, o modelo pode classificar novas imagens e identificar doenças e pragas específicas. Este processo de classificação envolve a aplicação das caraterísticas aprendidas a novos dados, permitindo que a CNN preveja o diagnóstico mais provável com base na sua formação. O resultado inclui não só a identificação do problema, mas também uma pontuação de confiança, que indica o grau de certeza do modelo relativamente à sua previsão. Esta informação é inestimável para os agricultores e gestores agrícolas, permitindo uma tomada de decisões rápida e informada. A eficácia das CNN na deteção de doenças e pragas não se resume à identificação de problemas, mas também à integração desses conhecimentos em estratégias de gestão abrangentes. Os dados em tempo real fornecidos pelas CNN podem desencadear alertas para uma ação imediata, informar as ferramentas de agricultura de precisão para uma intervenção orientada e contribuir para a análise preditiva para antecipar futuros surtos (Kaplan & Haenlein, 2019). Esta integração perfeita dos resultados das CNN com as estratégias de intervenção significa uma evolução para práticas agrícolas mais sustentáveis, eficientes e produtivas. Na sua essência, as CNN estão a remodelar o panorama da monitorização e gestão agrícola. Ao fornecerem informações precisas, oportunas e acionáveis sobre a saúde das plantas, permitem que os agricultores tomem medidas proactivas, reduzam as perdas de colheitas e, em última análise, aumentem a produtividade e a sustentabilidade da agricultura. Com o avanço da tecnologia e a disponibilização de mais dados, o papel das CNNs na agricultura deverá crescer, prometendo melhorias ainda maiores na segurança alimentar global e nas práticas agrícolas.

A progressão das CNNs nas aplicações agrícolas não é apenas um salto tecnológico; representa uma mudança de paradigma na forma como abordamos a gestão da saúde das plantas e a proteção das culturas. Esta evolução é impulsionada pela integração dos resultados das CNN com práticas agrícolas avançadas, abrindo caminho para um futuro em que a precisão e a sustentabilidade estão na vanguarda das operações agrícolas.

Melhorar a agricultura de precisão

As informações pormenorizadas fornecidas pelas CNN são fundamentais para o avanço da agricultura de precisão. As CNNs permitem que os agricultores adoptem uma abordagem mais direcionada para a gestão das culturas, identificando a localização exacta e o tipo de doença ou infestação de pragas. Esta precisão é fundamental para minimizar a aplicação indiscriminada de pesticidas e fertilizantes, conduzindo a práticas agrícolas mais sustentáveis. Por exemplo, em vez de tratar um campo inteiro, os agricultores podem agora concentrar as intervenções apenas onde é necessário, reduzindo significativamente a utilização de produtos químicos e o seu impacto ambiental. Esta abordagem não só preserva o equilíbrio ecológico como também reduz os custos dos factores de produção, aumentando a viabilidade económica das operações agrícolas.

Permitir sistemas agrícolas inteligentes

As capacidades das CNN vão para além da deteção de doenças e pragas, contribuindo para o desenvolvimento de sistemas agrícolas inteligentes. Estes sistemas utilizam dispositivos IoT, drones e maquinaria automatizada, todos orquestrados por IA e algoritmos de aprendizagem automática, incluindo CNNs. Ao integrar os resultados da CNN com estas tecnologias, as operações agrícolas podem ser optimizadas em tempo real. Os drones automatizados com ferramentas de análise baseadas na CNN podem monitorizar a saúde das culturas em vastas áreas, fornecendo tratamentos precisos às zonas afectadas. Da mesma forma, os sistemas de irrigação inteligentes podem ajustar a distribuição de água com base no estado de saúde das culturas, tal como as CNNs identificaram, garantindo que os recursos são utilizados de forma eficiente.

Análise preditiva e planeamento futuro

Outra vantagem significativa das CNNs na agricultura é a sua contribuição para a análise preditiva. Ao analisar dados históricos sobre surtos de doenças e pragas, juntamente com factores ambientais, as CNNs podem ajudar a prever infestações futuras. Esta capacidade de previsão é crucial para planear medidas preventivas, selecionar variedades de culturas resistentes e otimizar os calendários de plantação. Os agricultores e investigadores agrícolas podem utilizar estes conhecimentos para formular estratégias que abordem preventivamente potenciais ameaças, garantindo uma maior resiliência e estabilidade na produção agrícola.

Facilitar a colaboração global e a partilha de conhecimentos

A escalabilidade e adaptabilidade das CNN também promovem a colaboração global e a partilha de conhecimentos na investigação e prática agrícolas. Os modelos treinados em diversos conjuntos de dados de diferentes regiões podem ser partilhados e adaptados às condições locais, permitindo que os agricultores de todo o mundo beneficiem de capacidades avançadas de deteção de doenças e pragas (Ireri et al., 2019). Esta rede global de conhecimentos e recursos partilhados é vital para enfrentar os desafios quotidianos, como as alterações climáticas, a resistência às pragas e a segurança alimentar. Ao democratizar o acesso a ferramentas avançadas de IA, as CNNs estão a ajudar a nivelar o campo de jogo, garantindo que os agricultores em todas as partes do mundo tenham os meios para proteger as suas culturas e sustentar os seus meios de subsistência.

Integração com a genómica e o melhoramento vegetal

A fusão das CNN com a genómica e o melhoramento de plantas representa uma fronteira empolgante. Ao analisar dados genéticos juntamente com sintomas visuais de doenças e infestações de pragas, as CNN podem ajudar a identificar marcadores genéticos associados a caraterísticas de resistência. Esta integração poderá acelerar significativamente a criação de variedades de culturas resistentes, reduzindo a dependência de controlos químicos e contribuindo para uma agricultura sustentável. Estes avanços aumentariam a resistência das culturas às doenças e pragas e responderiam aos desafios colocados pelas alterações climáticas, como a tolerância à seca e ao calor.

Robôs agrícolas autónomos

O advento de robôs agrícolas autónomos equipados com sistemas de visão baseados na CNN marca mais um salto em frente. Estes robôs podem efetuar várias tarefas, desde a monda e a colheita até à gestão de doenças e pragas, com uma precisão sem precedentes. Estes robôs podem reduzir drasticamente os custos de mão de obra e melhorar a produtividade das explorações agrícolas, monitorizando continuamente o estado das culturas e tomando medidas corretivas imediatas. O desafio reside em melhorar as capacidades de tomada de decisão dos robôs e garantir que as suas operações sejam eficientes do ponto de vista energético e respeitadoras do ambiente.

Monitorização em tempo real e computação periférica

Os avanços na monitorização em tempo real e na computação periférica darão ainda mais poder às CNN na agricultura. Ao processar dados no local com uma latência mínima, a computação periférica permite uma análise e ação imediatas, o que é essencial para intervenções sensíveis ao tempo contra doenças e pragas. Esta capacidade é particularmente crucial em operações em grande escala, em que a velocidade de resposta pode afetar significativamente o resultado. A integração das CNN com dispositivos de computação periférica coloca desafios técnicos, incluindo a otimização dos modelos para funcionarem em hardware menos potente sem comprometer a precisão (Alharbi et al., 2021).

Desafios e considerações éticas

Apesar do potencial promissor das CNN na agricultura, há que ter em conta vários desafios e considerações éticas:

- **Privacidade e segurança dos dados**: Tal como acontece com qualquer tecnologia que recolha e processe grandes quantidades de dados, é fundamental garantir a privacidade e a segurança dos dados agrícolas. A potencial utilização incorrecta dos dados para outros fins que não os pretendidos, como a vigilância ou a exploração por parte das empresas, suscita preocupações éticas.

- **Acesso e equidade**: É fundamental garantir um acesso equitativo às tecnologias da CNN e aos benefícios que estas oferecem. Existe o risco de os agricultores de pequena escala e com poucos recursos serem deixados para trás, aumentando o fosso entre eles e as explorações agrícolas de grande escala e tecnologicamente avançadas.

- **Transparência e responsabilidade**: Os processos de tomada de decisão dos sistemas de IA, como as CNN, devem ser transparentes, permitindo aos utilizadores compreender e confiar nas suas recomendações. Isto é particularmente importante quando as intervenções têm implicações económicas significativas.

Olhando para o futuro: O futuro das CNNs na agricultura

Ao olharmos para o futuro, o papel das CNN na agricultura deverá expandir-se, impulsionado pelos avanços contínuos da IA, das tecnologias de imagiologia e da análise de dados. A integração de CNNs com dados genómicos e biotecnologia poderá conduzir a avanços no desenvolvimento de variedades de culturas resistentes a doenças. Além disso, os avanços na computação de ponta e nos chips de IA poderão permitir o processamento em tempo real de grandes quantidades de dados diretamente em drones ou máquinas agrícolas, aumentando ainda mais a velocidade e a precisão das intervenções agrícolas.

As CNNs não estão apenas a transformar a forma como detectamos e gerimos as doenças e pragas das plantas; estão a remodelar todo o ecossistema agrícola. Ao melhorar a precisão, a eficiência e a sustentabilidade das práticas agrícolas, as CNNs estão a contribuir para um sistema alimentar global mais resistente e produtivo. À medida que a tecnologia continua a evoluir, o potencial das CNNs para impulsionar a inovação na agricultura é ilimitado, prometendo um futuro em que a agricultura é mais inteligente e mais sintonizada com as necessidades do planeta e das pessoas.

Integração dos resultados da CNN nas estratégias de intervenção

A integração dos resultados das Redes Neuronais Convolucionais (CNN) com estratégias de intervenção na agricultura representa um avanço significativo na obtenção de uma gestão precisa e sustentável das culturas. Esta integração permite a aplicação direta de conhecimentos baseados em IA em acções práticas e no terreno que podem melhorar significativamente a saúde das culturas, o rendimento e a eficiência dos recursos. Eis como se desenrola normalmente este processo de integração e o seu impacto nas práticas agrícolas modernas:

Sistemas automatizados de gestão de pragas e doenças

As CNN podem identificar com precisão pragas e doenças específicas que afectam as culturas. Uma vez detectado um problema, a informação pode ser automaticamente transmitida aos sistemas de gestão de pragas e doenças. Estes sistemas podem então implementar intervenções específicas, como a aplicação precisa de pesticidas ou fungicidas nas áreas afectadas. Esta abordagem direcionada minimiza a utilização de produtos químicos, reduzindo o impacto ambiental e preservando os organismos benéficos no ecossistema (Evgeniou & Pontil, 2001). Além disso, ao tratar apenas as áreas afectadas, os agricultores podem conservar recursos e reduzir os custos associados aos tratamentos gerais.

Irrigação de precisão e fornecimento de nutrientes

As percepções das CNNs vão para além da gestão de pragas e doenças; podem também informar as estratégias de irrigação e fertilização. Ao identificar áreas de stress ou de deficiência de nutrientes, as CNNs permitem que as ferramentas de agricultura de precisão ajustem o fornecimento de água e nutrientes em conformidade. Isto garante que as culturas recebem exatamente o que necessitam para um crescimento ótimo, minimizando o desperdício e evitando o escoamento que pode levar à degradação ambiental. Os sistemas de irrigação de precisão, por exemplo, podem modular o fornecimento de água a diferentes secções do campo com base nos conhecimentos das CNN, garantindo uma utilização eficiente da água e reduzindo o risco de excesso ou falta de rega.

Monitorização das culturas e avaliação da saúde

A integração das saídas CNN com sistemas de monitorização de culturas oferece uma avaliação contínua da saúde, permitindo a deteção precoce de problemas antes de se tornarem visualmente aparentes ao olho humano. Esses sistemas podem acompanhar a progressão de doenças identificadas ou infestações de pragas, fornecendo informações baseadas em dados para a tomada de decisões informadas sobre estratégias de intervenção. Ao monitorizar a saúde das culturas ao longo do tempo, os agricultores podem avaliar a eficácia das estratégias de tratamento e ajustar as suas abordagens conforme necessário, melhorando a gestão e o planeamento geral das culturas.

Sistemas de Apoio à Decisão para Agricultores

Os resultados da CNN podem ser integrados em sistemas de apoio à decisão (DSS) que oferecem recomendações acionáveis aos agricultores. Estes sistemas analisam os dados da CNN juntamente com outras informações relevantes, como as previsões meteorológicas, as condições do solo e o desempenho histórico das culturas, para fornecer conselhos abrangentes sobre as práticas de gestão das culturas. Os DSS podem orientar os agricultores sobre as melhores alturas para plantar, irrigar, aplicar tratamentos ou colher, optimizando toda a cadeia de valor agrícola. A integração dos conhecimentos da CNN no DSS ajuda a desmistificar análises complexas de IA, traduzindo-as em passos práticos que os agricultores podem implementar facilmente.

Máquinas automatizadas e robótica

Os avanços na maquinaria agrícola e na robótica reforçam ainda mais a aplicação dos resultados da CNN. Os drones, os pulverizadores automáticos e as ceifeiras robóticas podem ser equipados com algoritmos de IA que interpretam os dados da CNN para executar tarefas específicas de forma autónoma. Por exemplo, os drones podem ser utilizados para pulverizar fungicidas em áreas identificadas pelas CNN como tendo infecções fúngicas, ou as ceifeiras robóticas podem colher culturas seletivamente com base nos níveis de maturidade detectados pelas CNN. Esta automatização melhora a eficiência, reduz os custos de mão de obra e permite uma elevada precisão na execução das estratégias de intervenção.

Análise avançada para rotação de culturas e saúde do solo

A integração dos conhecimentos da CNN pode estender-se a análises avançadas para o planeamento da rotação de culturas e gestão da saúde do solo. Ao analisar dados históricos sobre o desempenho das culturas, infestações de pragas e surtos de doenças, em conjunto com avaliações do estado do solo, as CNNs podem ajudar a otimizar os calendários de rotação de culturas e as estratégias de correção do solo. Isto melhora a saúde e a fertilidade do solo ao longo do tempo e reduz a dependência de insumos químicos, suprimindo naturalmente as pragas e doenças através da rotação estratégica de culturas.

Programas melhorados de engenharia genética e melhoramento genético

Os resultados da CNN podem informar a engenharia genética e os programas de melhoramento, identificando caraterísticas associadas à resistência a doenças, a pragas ou a um melhor rendimento. Ao correlacionar indicadores visuais da saúde e do desempenho das plantas com dados genéticos, os investigadores podem direcionar mais eficazmente as modificações genéticas ou selecionar pares de reprodução para melhorar as caraterísticas desejáveis. Esta abordagem de melhoramento de precisão, alimentada por conhecimentos de IA, acelera o desenvolvimento de variedades de culturas que estão melhor adaptadas às condições ambientais em mudança e às pressões das doenças.

Integração com a gestão da cadeia de abastecimento

Para além da exploração agrícola, a integração dos resultados das CNN pode estender-se à gestão da cadeia de abastecimento, melhorando a rastreabilidade e o controlo de qualidade dos produtos agrícolas. Ao rastrear a saúde e a qualidade das culturas desde o campo até à cadeia de abastecimento, as CNN podem fornecer dados valiosos para gerir as colheitas, o armazenamento e a distribuição, garantindo que apenas os produtos da mais alta qualidade chegam ao mercado. Este nível de rastreabilidade e garantia de qualidade pode levar a melhores padrões de segurança alimentar e a uma maior confiança dos consumidores nos produtos agrícolas.

Redes de colaboração para a gestão global de doenças e pragas

O futuro da integração da CNN na agricultura reside também no desenvolvimento de redes de colaboração que partilhem dados e conhecimentos à escala global. Ao reunir dados derivados da CNN sobre surtos de pragas e doenças, as comunidades agrícolas de todo o mundo podem beneficiar de sistemas de alerta precoce e de estratégias partilhadas para gerir ameaças emergentes. Esta colaboração global pode acelerar os tempos de resposta, reduzir a propagação de espécies invasoras e promover uma abordagem mais unificada para enfrentar os desafios colocados pelas alterações climáticas na agricultura.

Enfrentar os desafios socioeconómicos

Para que os benefícios da integração da CNN sejam plenamente realizados, os desafios socioeconómicos devem ser abordados, garantindo que os agricultores de pequena escala e com poucos recursos tenham acesso a esta tecnologia. As parcerias entre governos, empresas tecnológicas e ONG podem desempenhar um papel crucial na democratização do acesso às ferramentas de IA e na formação e apoio aos agricultores de comunidades carenciadas. Ao tornar estas tecnologias mais acessíveis, o fosso entre a agricultura de pequena escala e a agricultura industrial pode ser reduzido, promovendo um crescimento mais equitativo no sector agrícola.

Aprendizagem e adaptação contínuas

Por último, a aprendizagem e adaptação contínuas dos modelos CNN são essenciais para acompanhar a natureza dinâmica da agricultura. À medida que surgem novas pragas e doenças e as condições climáticas mudam, os modelos CNN devem ser regularmente actualizados com novos dados para manter a sua precisão e relevância. Isto requer um compromisso com a investigação contínua, a recolha de dados e o aperfeiçoamento dos modelos, assegurando que as estratégias de intervenção baseadas na IA permanecem eficazes face à evolução das paisagens agrícolas.

Desafios e direcções futuras

Embora a integração dos resultados das CNN nas estratégias de intervenção seja muito promissora, também apresenta desafios, incluindo a necessidade de uma proteção robusta da privacidade dos dados, a garantia da acessibilidade da tecnologia aos pequenos agricultores e a formação contínua dos modelos para se adaptarem a novas pragas, doenças e condições ambientais. A resposta a estes desafios exige esforços concertados dos criadores de tecnologia, dos investigadores agrícolas, dos decisores políticos e da comunidade agrícola (Alharbi et al., 2021; Jovanović et al., 2022). A integração dos resultados da CNN com estratégias de intervenção transforma as práticas agrícolas, permitindo decisões precisas e baseadas em dados que melhoram a saúde e o rendimento das culturas, ao mesmo tempo que promovem a sustentabilidade. À medida que a tecnologia evolui, essa integração provavelmente se tornará mais perfeita, abrindo caminho para sistemas agrícolas mais inteligentes e mais responsivos, capazes de enfrentar os desafios do século XXI.

CNN para análise da saúde das culturas e do solo
As Redes Neuronais Convolucionais (CNN) são um tipo de algoritmo de aprendizagem profunda que pode ser altamente eficaz na análise de imagens visuais, o que as torna particularmente adequadas para aplicações na agricultura, como a análise da saúde das culturas e do solo; abaixo está uma visão geral de como as CNN podem ser aplicadas para avaliar os níveis de humidade do solo com deficiência de nutrientes e prever o rendimento das culturas com base na análise de imagens.

Técnicas de avaliação da deficiência de nutrientes e dos níveis de humidade do solo
As técnicas de avaliação da deficiência de nutrientes e dos níveis de humidade do solo utilizando tecnologias avançadas, nomeadamente as redes neuronais convolucionais (CNN), fornecem um roteiro pormenorizado para a integração destas tecnologias na agricultura de precisão. O processo envolve várias etapas fundamentais, desde a recolha de dados até à aplicação de modelos de aprendizagem automática para uma análise pormenorizada.

Avaliação da carência de nutrientes nas culturas

Aquisição de imagens

O primeiro passo para avaliar a deficiência de nutrientes é a aquisição de imagens de alta qualidade. Isto implica a utilização de drones, satélites ou mesmo dispositivos portáteis equipados com câmaras para captar imagens detalhadas das culturas. Estas imagens têm de ser de alta resolução para garantir que não passam despercebidos sinais subtis de deficiência de nutrientes, como ligeiras variações de cor. O momento da captura de imagens também é crucial, uma vez que os sintomas podem variar consoante a fase de crescimento da cultura e as condições ambientais.

Pré-processamento de imagens

Uma vez capturadas as imagens, estas são submetidas a um pré-processamento. Este passo é vital para preparar as imagens para análise, tornando-as mais uniformes e melhorando caraterísticas específicas. São comuns técnicas como o redimensionamento, a normalização (para ajustar as imagens a uma escala padrão) e o aumento (criando variações das imagens para enriquecer o conjunto de dados). O pré-processamento ajuda a reduzir a complexidade computacional e a melhorar a capacidade do modelo para aprender com os dados.

Extração de caraterísticas utilizando CNNs

As CNNs detectam e extraem automaticamente caraterísticas das imagens pré-processadas que indicam deficiências nutricionais. O treino destes modelos envolve a utilização de um conjunto de dados de imagens rotuladas com deficiências específicas, permitindo que a CNN aprenda os padrões caraterísticos de cada condição. As camadas da CNN trabalham para identificar vários aspectos das imagens, como arestas, texturas e cores, que se correlacionam com diferentes deficiências nutricionais. A capacidade das CNNs para aprender estes padrões complexos torna-as excecionalmente adequadas para esta tarefa.

Classificação

A etapa final da avaliação da deficiência de nutrientes é a classificação, em que as caraterísticas identificadas pela CNN são categorizadas em diferentes tipos de deficiências de nutrientes. Esta etapa pode utilizar arquitecturas avançadas de CNN capazes de lidar com as nuances e variações dos sintomas de deficiências em diferentes tipos de culturas. O processo de classificação envolve frequentemente um resultado baseado em probabilidades que indica a probabilidade de deficiências específicas, permitindo intervenções direcionadas.

Avaliação dos níveis de humidade do solo

Aquisição de imagens do solo

A avaliação dos níveis de humidade do solo começa com a aquisição de imagens do solo, que podem incluir imagens de luz visível, infravermelhos próximos (NIR) e imagens térmicas. Estas imagens são particularmente úteis para a avaliação da humidade porque podem revelar informações sobre o teor de água que não são visíveis a olho nu. A escolha do sensor e da tecnologia de imagem é fundamental para captar dados que reflictam com precisão as condições de humidade do solo.

Pré-processamento para análise de humidade

O pré-processamento de imagens do solo centra-se na melhoria das caraterísticas indicativas dos níveis de humidade. Isto pode envolver o ajuste do contraste ou a aplicação de filtros a imagens térmicas ou NIR para tornar os gradientes de humidade mais evidentes. O objetivo é preparar as imagens para maximizar a capacidade do modelo para detetar caraterísticas relacionadas com a humidade durante a fase de análise.

Extração de caraterísticas e análise de regressão

Para a humidade do solo, as CNNs são treinadas para reconhecer padrões e efetuar análises de regressão para estimar quantitativamente o teor de humidade. Esta abordagem difere da classificação na medida em que o resultado é um valor contínuo que representa os níveis de humidade em vez de categorias discretas. O treino destes modelos requer um conjunto de dados que inclua imagens do solo com níveis de humidade conhecidos, permitindo que a CNN aprenda as pistas visuais associadas a diferentes condições de humidade.

Integração com outros dados

Uma avaliação abrangente da humidade do solo envolve frequentemente a integração da análise da CNN com outras fontes de dados, tais como dados meteorológicos, registos de irrigação e tipos de culturas. Esta abordagem holística garante que as estimativas de humidade são tão precisas quanto possível, considerando factores que podem influenciar a humidade do solo para além do que é visível nas imagens. A utilização de CNNs para avaliar as deficiências de nutrientes e os níveis de humidade do solo representa um avanço significativo na agricultura de precisão. Ao automatizar a análise das imagens das culturas e do solo, estes modelos podem fornecer informações valiosas que ajudam a otimizar as práticas de gestão das culturas. No entanto, o sucesso destas tecnologias depende da qualidade dos dados recolhidos e da conceção e treino cuidadosos dos modelos CNN. Com os avanços contínuos da tecnologia de imagiologia e da aprendizagem automática, o potencial de melhoria da produtividade e sustentabilidade agrícolas através destas técnicas continua a crescer.

Análise preditiva para rendimento com base na análise CNN

A análise preditiva do rendimento das colheitas com recurso a Redes Neuronais Convolucionais (CNN) constitui uma abordagem transformadora na agricultura de precisão. Esta metodologia capitaliza os pontos fortes da aprendizagem profunda para prever resultados agrícolas com uma precisão notável. No centro deste processo está um extenso conjunto de dados que inclui imagens de alta resolução de culturas capturadas em várias fases de crescimento, enriquecidas com dados auxiliares, incluindo métricas de saúde do solo, condições climáticas, dados históricos de rendimento e detalhes de práticas agrícolas. Este conjunto de dados é fundamental para a capacidade da CNN para discernir e aprender as relações intrincadas entre uma miríade de factores que afectam o rendimento das culturas. A fase preparatória do pré-processamento de dados e da engenharia de caraterísticas é fundamental. Envolve o refinamento dos dados recolhidos para garantir a sua compatibilidade com o modelo analítico. Esta etapa engloba uma série de processos, desde a normalização e o aumento dos dados de imagem - aumentando a diversidade do conjunto de dados sem a necessidade de recolha de dados adicionais - até à meticulosa limpeza e transformação de dados numéricos e categóricos de outras fontes. Esta fase prepara os dados para análise e envolve a criação de caraterísticas informativas que encapsulam as diversas influências no rendimento das culturas, como a extração de índices de vegetação de imagens de satélite que são indicativos do estado das plantas.

O desenvolvimento de um modelo CNN adaptado à previsão da produção implica a conceção de uma arquitetura de rede capaz de processar uma mistura heterogénea de dados. A arquitetura deve analisar proficientemente as relações espaciais dentro das imagens, ao mesmo tempo que assimila dados não visuais, prevendo assim resultados de produção com elevada precisão. A formação do modelo é uma fase crítica em que este aprende a partir de um conjunto de dados com resultados conhecidos, permitindo-lhe identificar padrões e correlações entre as caraterísticas de entrada e o rendimento das culturas. Técnicas como a aprendizagem por transferência podem reforçar significativamente a eficácia do modelo, tirando partido de uma rede pré-treinada num vasto conjunto de dados, posteriormente afinada com dados agrícolas específicos para melhorar a sua capacidade de previsão. Após o treino, o modelo está pronto para prever o rendimento de novos conjuntos de dados, fornecendo estimativas quantitativas de rendimento com base nos dados da época atual. Estas previsões são inestimáveis para a tomada de decisões estratégicas na gestão de culturas, programação de colheitas e dinâmica de mercado. Além disso, a análise das previsões do modelo à luz de vários parâmetros de entrada pode revelar informações sobre os factores predominantes que determinam as variações de rendimento, oferecendo orientações para aperfeiçoar as práticas agrícolas.

No entanto, o esforço de aplicação da análise preditiva baseada na CNN na agricultura está em curso. Os modelos necessitam de actualizações e aperfeiçoamentos regulares para incorporar novos dados e adaptar-se à evolução das tendências agrícolas, às alterações climáticas e aos avanços na ciência das culturas. Este aperfeiçoamento iterativo garante a relevância e a precisão do modelo, permitindo-lhe apoiar as necessidades dinâmicas do sector agrícola. A implementação de um sistema de análise preditiva deste tipo implica enfrentar desafios relacionados com a qualidade dos dados, as exigências computacionais e a necessidade de conhecimentos interdisciplinares, combinando a aprendizagem automática, a agronomia e a ciência dos dados. Além disso, as considerações éticas relativas à privacidade e à propriedade dos dados sublinham a importância de um tratamento responsável dos dados. Apesar destes desafios, a integração das CNN na previsão do rendimento das culturas anuncia uma nova era agrícola, oferecendo conhecimentos profundos e promovendo a tomada de decisões informadas para aumentar a produtividade e a sustentabilidade (Alharbi et al., 2021).

O sector agrícola adopta cada vez mais a análise preditiva baseada em Redes Neuronais Convolucionais (CNN) para a previsão do rendimento; o potencial para otimizar as práticas agrícolas e melhorar a segurança alimentar torna-se mais pronunciado. Ao aproveitar as vastas capacidades da aprendizagem profunda, esta abordagem inovadora não só facilita previsões de rendimento precisas, como também capacita as partes interessadas em todo o espetro agrícola, desde agricultores individuais a grandes empresas agrícolas, para tomarem decisões baseadas em dados que optimizam a utilização de recursos e maximizam a produção.

A evolução contínua dos modelos da CNN para a previsão do rendimento das culturas sublinha a natureza dinâmica da ciência e tecnologia agrícolas. À medida que estes modelos vão ingerindo conjuntos de dados mais diversificados e abrangentes, a sua capacidade de compreender e prever interações biológicas, ambientais e agronómicas complexas aumenta. Este processo de aprendizagem contínua, alimentado pela acumulação de novos dados em cada estação de crescimento, aumenta a sofisticação e a precisão dos modelos. Por exemplo, a incorporação de dados em tempo real sobre anomalias meteorológicas ou surtos de pragas permite que os modelos ajustem as previsões em conformidade, fornecendo aos agricultores informações acionáveis para mitigar potenciais perdas de rendimento.

Além disso, a escalabilidade da análise preditiva baseada na CNN significa que estas tecnologias não estão confinadas a operações agrícolas em grande escala com infra-estruturas tecnológicas substanciais. A computação em nuvem e a crescente acessibilidade das ferramentas de aprendizagem automática democratizam o acesso a análises preditivas avançadas, permitindo que os pequenos agricultores e os agricultores com recursos limitados beneficiem destas inovações. A integração dessas análises com tecnologias móveis e serviços de extensão torna viável a prestação de aconselhamento agrícola personalizado, atempado e acionável a agricultores em regiões remotas e mal servidas, contribuindo assim para colmatar as lacunas de rendimento e reforçar a segurança alimentar à escala global.

A colaboração interdisciplinar que está na base da implementação bem sucedida dos modelos CNN na agricultura também promove a inovação para além da previsão do rendimento. Por exemplo, os conhecimentos obtidos a partir da análise dos padrões de crescimento das culturas e das interações ambientais podem servir de base a programas de melhoramento genético centrados no desenvolvimento de variedades de culturas mais adequadas às condições climáticas em mudança e resistentes a pragas e doenças específicas. Do mesmo modo, a compreensão orientada por dados das relações entre nutrientes, água e rendimento das culturas pode fazer avançar as práticas de agricultura de precisão, como a irrigação e a fertilização a taxas variáveis, minimizando os impactos ambientais e optimizando a produtividade das culturas. A adoção da previsão de rendimento baseada na CNN e a aplicação mais ampla da análise preditiva na agricultura também requerem a resolução de desafios relacionados com a privacidade dos dados, a utilização ética da tecnologia e a garantia de equidade nos benefícios derivados destas inovações. É crucial estabelecer quadros para a governação dos dados que respeitem a privacidade dos agricultores e os direitos de propriedade dos dados, promovendo simultaneamente a partilha de dados para o bem comum. Além disso, a promoção de uma abordagem inclusiva para o desenvolvimento e implantação de tecnologias garante que os benefícios destes avanços sejam distribuídos de forma equitativa, particularmente entre os pequenos agricultores que são frequentemente os mais vulneráveis às alterações climáticas e às flutuações do mercado.

A integração da análise preditiva baseada na CNN na agricultura representa um salto significativo na procura de sistemas alimentares sustentáveis e resilientes. Ao tirar partido do poder da aprendizagem profunda para obter informações a partir de conjuntos de dados complexos, esta abordagem não só melhora as previsões de rendimento, como também abre caminho a práticas agrícolas mais inteligentes e sustentáveis. À medida que continuamos a aperfeiçoar estes modelos e a expandir as suas aplicações, o potencial para impactos transformadores na agricultura global e na segurança alimentar é imenso. O percurso entre os dados, os conhecimentos e a ação exemplifica o poder transformador da tecnologia na abordagem de alguns dos desafios mais prementes que o sector agrícola enfrenta atualmente.

Integração da CNN com imagens de drones e de satélite

A integração das Redes Neuronais Convolucionais (CNN) com imagens de drones e de satélite revolucionou a monitorização e a gestão das plantações, oferecendo detalhes e conhecimentos sem precedentes sobre a saúde das culturas, os padrões de crescimento e as condições ambientais. Esta sinergia entre imagens aéreas avançadas e tecnologias de aprendizagem profunda como as CNNs traz inúmeras vantagens e apresenta desafios únicos, especialmente quando se lida com dados em grande escala. Compreender os benefícios e os obstáculos é fundamental para aproveitar eficazmente estas tecnologias ou para o avanço da agricultura (Jovanović et al., 2022).

Vantagens das imagens aéreas na monitorização das plantações

A utilização de imagens aéreas na monitorização de plantações através de drones e satélites provocou uma mudança transformadora nas práticas agrícolas, oferecendo uma infinidade de vantagens que melhoram a eficiência, a precisão e a sustentabilidade da gestão das culturas. Abaixo estão alguns dos principais benefícios:

1)   **Monitorização melhorada da saúde das culturas**: As imagens aéreas permitem a observação detalhada da saúde das culturas em vastas áreas, possibilitando a deteção precoce de doenças, pragas e deficiências de nutrientes. Ao identificar estes problemas precocemente, os agricultores podem tomar medidas específicas para mitigar os problemas antes que estes se agravem, reduzindo as perdas de colheitas e melhorando os rendimentos.

2)   **Implementação da Agricultura de Precisão**: Com imagens de alta resolução, os agricultores podem praticar uma agricultura de precisão, aplicando água, fertilizantes e pesticidas apenas onde for necessário, com base na saúde e no estado das culturas. Isto conserva os recursos e minimiza o impacto ambiental, conduzindo a práticas agrícolas mais sustentáveis.

3)   **Eficiência de tempo e custo**: Monitorizar grandes plantações a pé ou através de métodos tradicionais pode ser moroso e trabalhoso. As imagens aéreas fornecem uma visão geral rápida e abrangente da plantação, poupando tempo e recursos significativos. Esta eficiência traduz-se em poupanças de custos e permite uma monitorização mais frequente, assegurando que os problemas são detectados e resolvidos prontamente.

4)   **Gestão da irrigação**: As imagens aéreas, especialmente quando combinadas com sensores térmicos, podem ajudar a avaliar os níveis de humidade do solo e identificar áreas com excesso ou falta de irrigação. Estes dados são cruciais para otimizar as práticas

de irrigação, garantindo que a água é utilizada de forma eficiente e reduzindo o desperdício de água.

5)   **Estimativa de rendimento**: Ao analisar os padrões de crescimento e a saúde das culturas ao longo do tempo, as imagens aéreas podem fornecer dados valiosos para estimar os rendimentos. Esta informação é vital para o planeamento de colheitas, logística e estratégias de vendas, ajudando os agricultores a maximizar os seus lucros e a reduzir o desperdício.

6)   **Análise de variedades e culturas**: As imagens aéreas podem ajudar a identificar quais as variedades de culturas que têm melhor desempenho em determinadas condições, facilitando uma melhor tomada de decisões relativamente à seleção de culturas. Também permite monitorizar parcelas de ensaio onde estão a ser testadas novas práticas ou variedades, possibilitando uma abordagem baseada em dados para melhorar o cultivo.

7)   **Documentação e manutenção de registos**: A manutenção de registos visuais do crescimento das culturas e das condições das plantações ao longo do tempo é valiosa para o planeamento e análise a longo prazo. As imagens aéreas fornecem um conjunto de dados históricos que podem ser utilizados para analisar tendências, efetuar comparações ano a ano e informar futuras estratégias agrícolas.

8)   **Acessibilidade a áreas remotas**: Os drones e os satélites podem aceder e monitorizar facilmente áreas remotas ou de difícil acesso, assegurando que todas as partes de uma plantação são observadas regularmente sem necessidade de acesso físico. Isto é particularmente benéfico para a gestão de plantações grandes ou geograficamente difíceis.

9)   **Gestão de riscos**: Ao fornecer informação detalhada e actualizada sobre a saúde das culturas e as condições ambientais, as imagens aéreas ajudam a gerir os riscos associados à agricultura. Permite uma previsão mais exacta e uma melhor preparação para condições adversas como secas, inundações ou infestações de pragas.

10)   **Monitorização melhorada da saúde das culturas**: As imagens aéreas permitem a observação detalhada da saúde das culturas em vastas áreas, permitindo a deteção precoce de doenças, pragas e deficiências de nutrientes. Ao identificar estes problemas precocemente, os agricultores podem tomar medidas específicas para mitigar os problemas antes que estes se agravem, reduzindo as perdas de colheitas e melhorando os rendimentos.

11) **Implementação da Agricultura de Precisão**: Com imagens de alta resolução, os agricultores podem praticar uma agricultura de precisão, aplicando água, fertilizantes e pesticidas apenas onde for necessário, com base na saúde e no estado das culturas. Isto conserva os recursos e minimiza o impacto ambiental, conduzindo a práticas agrícolas mais sustentáveis.

12) **Eficiência de tempo e custo**: Monitorizar grandes plantações a pé ou através de métodos tradicionais pode ser moroso e trabalhoso. As imagens aéreas fornecem uma visão geral rápida e abrangente da plantação, poupando tempo e recursos significativos. Esta eficiência traduz-se em poupanças de custos e permite uma monitorização mais frequente, garantindo que os problemas são detectados e resolvidos prontamente.

13) **Gestão da irrigação**: As imagens aéreas, especialmente quando combinadas com sensores térmicos, podem ajudar a avaliar os níveis de humidade do solo e identificar áreas com excesso ou falta de irrigação. Estes dados são cruciais para otimizar as práticas de irrigação, garantindo que a água é utilizada de forma eficiente e reduzindo o desperdício de água.

14) **Estimativa de rendimento**: Ao analisar os padrões de crescimento e a saúde das culturas ao longo do tempo, as imagens aéreas podem fornecer dados valiosos para estimar os rendimentos. Esta informação é vital para o planeamento de colheitas, logística e estratégias de vendas, ajudando os agricultores a maximizar os seus lucros e a reduzir o desperdício.

15) **Análise de variedades e culturas**: As imagens aéreas podem ajudar a identificar quais as variedades de culturas com melhor desempenho em determinadas condições, facilitando a tomada de decisões relativamente à seleção de culturas. Também permite monitorizar parcelas de ensaio onde estão a ser testadas novas práticas ou variedades, possibilitando uma abordagem baseada em dados para melhorar o cultivo.

16) **Documentação e manutenção de registos**: A manutenção de registos visuais do crescimento das culturas e das condições das plantações ao longo do tempo é valiosa para o planeamento e análise a longo prazo. As imagens aéreas fornecem um conjunto de dados históricos que podem ser utilizados para analisar tendências, efetuar comparações ano a ano e informar futuras estratégias agrícolas.

17)   **Acessibilidade a áreas remotas**: Os drones e satélites podem aceder e monitorizar facilmente áreas remotas ou de difícil acesso, assegurando que todas as partes de uma plantação são regularmente observadas sem necessidade de acesso físico. Isto é particularmente benéfico para a gestão de plantações grandes ou geograficamente difíceis.

18)   **Gestão de riscos**: Ao fornecer informações detalhadas e actualizadas sobre a saúde das culturas e as condições ambientais, as imagens aéreas ajudam a gerir os riscos associados à agricultura. Permite uma previsão mais exacta e uma melhor preparação para condições adversas como secas, inundações ou infestações de pragas.

19)   **Otimização da utilização dos terrenos**: As imagens aéreas fornecem informações detalhadas sobre a utilização de terrenos agrícolas, ajudando os agricultores a identificar áreas ou secções de terreno com fraco desempenho que não estão a ser utilizadas em todo o seu potencial. Ao analisar estes dados, os agricultores podem reestruturar a disposição das suas plantações, introduzir estratégias de rotação de culturas ou redirecionar a terra para aumentar a produtividade e a sustentabilidade globais.

20)   **Monitorização e conservação ambiental**: Para além da saúde das culturas e da otimização do rendimento, as imagens aéreas desempenham um papel crucial na monitorização das condições ambientais e da biodiversidade dentro e à volta das plantações. Pode ajudar a detetar alterações nos habitats naturais, massas de água e padrões de utilização da terra, contribuindo para práticas agrícolas mais amigas do ambiente. Isto inclui a identificação de áreas de erosão do solo, alagamento e desflorestação, permitindo aos agricultores implementar práticas de conservação que protejam o solo e os recursos hídricos e preservem a biodiversidade.

21)   **Integração de dados e análise abrangente**: As imagens aéreas podem ser integradas com outras fontes de dados, como amostras de solo, dados meteorológicos e informações de satélite, para criar uma visão abrangente do ecossistema agrícola. Esta integração permite análises mais matizadas, permitindo aos agricultores compreender a interação entre vários factores que afectam a saúde e o rendimento das culturas. As plataformas analíticas avançadas podem processar estes dados integrados para fornecer informações acionáveis, análises preditivas e recomendações personalizadas para cada plantação.

22)   **Escalabilidade em diferentes tamanhos de fazendas**: A tecnologia é altamente escalável, beneficiando os pequenos agricultores e as grandes empresas agrícolas. Para os

pequenos agricultores, mesmo as configurações simples de drones podem fornecer informações valiosas sobre a saúde das culturas, enquanto as operações de maior dimensão podem implantar frotas de drones ou utilizar imagens de satélite para a recolha extensiva de dados em vastas áreas. Esta flexibilidade garante que as vantagens das imagens aéreas podem ser aproveitadas por uma vasta gama de operações agrícolas, independentemente da sua dimensão.

23) **Melhoria da comunicação e do envolvimento das partes interessadas**: As imagens aéreas podem ser uma ferramenta poderosa para a comunicação entre agricultores, agrónomos e outras partes interessadas. Os dados visuais podem ajudar a articular as necessidades, o progresso e os resultados dos projectos agrícolas de forma mais eficaz do que os relatórios tradicionais. Por exemplo, a partilha de dados de imagens com investidores, companhias de seguros e organismos de certificação pode fornecer provas transparentes de práticas sustentáveis, saúde das culturas e utilização dos solos, facilitando um melhor apoio e colaboração.

24) **Avanço tecnológico e inovação**: A utilização de imagens aéreas na agricultura impulsiona a inovação tecnológica, encorajando o desenvolvimento de novas ferramentas, software e técnicas de análise adaptadas às necessidades do sector agrícola. Este ciclo contínuo de inovação melhora a eficácia da monitorização aérea ao longo do tempo e contribui para o domínio mais vasto da tecnologia agrícola, conduzindo a novas soluções que podem responder aos desafios globais da segurança alimentar e da sustentabilidade.

Desafios e soluções no processamento de dados em grande escala provenientes de drones e satélites

O processamento de dados em grande escala provenientes de drones e satélites para aplicações agrícolas apresenta vários desafios. No entanto, com o avanço da tecnologia, estão a ser continuamente desenvolvidas soluções inovadoras para resolver estes problemas. Compreender estes desafios e as suas soluções é crucial para aproveitar eficazmente as imagens aéreas na agricultura.

Desafios

1. **Volume e armazenamento de dados**: A grande quantidade de dados gerados por drones e satélites pode sobrecarregar os sistemas de armazenamento, tornando a gestão de dados complicada.

2.	**Capacidade de processamento de dados**: Os requisitos computacionais para o processamento e análise de imagens de alta resolução podem ser significativos, necessitando de hardware e software potentes.

3.	**Integração de dados**: A integração de dados de várias fontes, cada uma com o seu próprio formato, resolução e caraterísticas espectrais, pode ser complexa e morosa.

4.	**Análise em tempo real**: Fornecer informações acionáveis em tempo real ou quase em tempo real é um desafio devido ao tempo necessário para processar e analisar grandes conjuntos de dados.

5.	**Exatidão e precisão**: Garantir a exatidão e a precisão da análise de dados, especialmente em condições variáveis e para diferentes tipos de culturas, pode ser difícil.

6.	**Custo**: O custo da aquisição de imagens de satélite de alta resolução e da operação de drones, juntamente com os recursos computacionais necessários para o processamento de dados, pode ser proibitivo para alguns agricultores e organizações agrícolas.

Soluções

1.	**Computação e armazenamento em nuvem**: A utilização de plataformas baseadas na nuvem para o armazenamento e processamento de dados pode resolver os desafios do volume de dados e da capacidade de computação. Os serviços em nuvem oferecem soluções de armazenamento escaláveis e capacidades de processamento poderosas que podem tratar grandes conjuntos de dados de forma eficiente, sem a necessidade de um investimento inicial significativo em hardware.

2.	**Algoritmos avançados de processamento de dados**: O desenvolvimento e a aplicação de algoritmos de processamento de dados mais eficientes podem reduzir significativamente a carga computacional. Os algoritmos de aprendizagem automática e de aprendizagem profunda podem acelerar a análise de dados, especialmente os optimizados para processamento paralelo em GPUs.

3.	**Técnicas de fusão de dados**: A utilização de técnicas avançadas de fusão de dados pode facilitar a integração de diversos tipos de dados. Estes métodos utilizam algoritmos para harmonizar dados de diferentes fontes, assegurando a consistência na resolução e no formato e melhorando a abrangência da análise.

4.	**Computação de ponta**: A implementação da computação de ponta, em que o processamento de dados ocorre no dispositivo de recolha de dados ou perto dele (por exemplo, num drone), pode reduzir a latência e permitir a análise de dados em tempo real.

Esta abordagem permite o processamento preliminar de dados no terreno, sendo apenas os dados relevantes enviados para a nuvem para estudo posterior.

5.   **Melhorias na tecnologia de teledeteção**: Os avanços contínuos na tecnologia de deteção remota estão a aumentar a exatidão e a precisão das imagens aéreas. As melhorias na tecnologia dos sensores e as melhores técnicas de calibração e validação estão a melhorar a qualidade dos dados recolhidos por drones e satélites.

6.   **Modelos de código aberto e de colaboração**: A utilização de ferramentas de código aberto e de modelos de colaboração pode ajudar a reduzir os custos de processamento e análise de dados. Muitos pacotes de software de código aberto são especificamente concebidos para o processamento de imagens aéreas e as plataformas de colaboração permitem a partilha de recursos e dados entre investigadores e profissionais.

7.   **Parcerias público-privadas**: A formação de parcerias entre governos, empresas privadas e instituições de investigação pode ajudar a distribuir os custos e os riscos associados à utilização de tecnologias avançadas de imagiologia aérea. Estas parcerias podem também facilitar o desenvolvimento de novas tecnologias e a partilha das melhores práticas.

Perguntas e respostas

1)   **Qual é o papel das Redes Neuronais Convolucionais (CNN) na monitorização das plantações de cacau?**

a.   As CNNs são utilizadas para análise baseada em imagens para melhorar as práticas agrícolas, incluindo a deteção de doenças, a gestão de pragas e a previsão de rendimento em plantações de cacau.

2)   **Como é que as CNNs melhoram a deteção de doenças e pragas nas plantações de cacau?**

a.   As CNNs analisam dados de imagens para identificar sinais precoces de doenças e infestações de pragas, permitindo intervenções precisas e atempadas.

3)   **Que vantagens oferecem as CNN em relação aos métodos tradicionais de monitorização agrícola?**

a.   As CNNs permitem a análise de dados em tempo real, uma maior precisão na identificação de problemas e a capacidade de processar grandes conjuntos de dados de forma eficiente.

4) **As CNN podem ser integradas com outras tecnologias para melhorar a monitorização das plantações?**

a.   As CNN podem ser integradas nas tecnologias IoT (Internet das Coisas) e de cadeias de blocos para uma recolha de dados abrangente, análise e gestão segura da cadeia de abastecimento.

5) **Quais são algumas das tendências emergentes nas arquitecturas CNN relevantes para a agricultura?**

a.   As inovações incluem a EfficientNet, os Transformadores de Visão e a incorporação de mecanismos de atenção e redes de cápsulas para uma análise de imagem mais pormenorizada.

6) **De que forma é que as metodologias de formação, como a aprendizagem de poucos disparos e de zero disparos, beneficiam as aplicações da CNN na agricultura?**

a.   Estas metodologias permitem que as CNNs aprendam com alguns exemplos ou generalizem para novas condições, facilitando a sua rápida utilização na resolução de desafios agrícolas.

7) **Que papel desempenha a geração de dados sintéticos no treino de CNN para aplicações agrícolas?**

a.   Aborda a escassez de conjuntos de dados rotulados através da criação de imagens realistas das condições das plantas, melhorando o desempenho e a generalização do modelo.

8) **Como é que os sistemas automatizados de monitorização em tempo real alimentados por CNNs transformam a gestão agrícola?**

a.   Permitem uma gestão precisa dos recursos, a deteção precoce de doenças e pragas e a automatização de tarefas de rotina, melhorando a saúde e o rendimento das culturas.

9) **Que desafios estão associados à adoção de sistemas de monitorização baseados na CNN na agricultura?**

a.   Os desafios incluem a necessidade de um investimento significativo em tecnologia, apoio técnico permanente e garantia da privacidade e segurança dos dados.

10) **Que avanços futuros se prevê que venham a melhorar as aplicações da CNN na monitorização das plantações de cacau?**

a.   Prevê-se que as melhorias na tecnologia dos sensores, a precisão dos modelos de IA e as plataformas de software de fácil utilização façam avançar as capacidades de monitorização.

11)   Como é que as CNN e os dispositivos IoT podem, em conjunto, melhorar a precisão na agricultura?

a.   Através da recolha e análise de dados sobre a humidade do solo, a saúde das culturas e as condições ambientais, permitindo intervenções específicas.

12)   Que benefícios oferece a tecnologia de cadeias de blocos à gestão da cadeia de abastecimento agrícola quando integrada nas CNN?

a.   Proporciona transparência, segurança e eficiência, garantindo a rastreabilidade dos produtos desde a exploração agrícola até ao consumidor.

13)   Que considerações éticas surgem com a utilização de CNNs na agricultura?

a.   As preocupações incluem a privacidade dos dados, a potencial deslocação de trabalhadores e a garantia de um acesso justo à tecnologia para os pequenos agricultores.

14)   Como é que os modelos preditivos podem contribuir para a produção sustentável de cacau no contexto das alterações climáticas?

a.   Orientam as estratégias de adaptação, tais como o desenvolvimento de variedades de culturas resistentes ao clima e a otimização das práticas agrícolas.

15)   Qual é a importância de garantir um acesso equitativo à tecnologia para os pequenos agricultores?

a.   Aborda as disparidades, capacitando os pequenos agricultores a melhorar a produtividade, a sustentabilidade e os meios de subsistência.

16)   Como é que a integração das CNNs com a cadeia de blocos melhora a transparência da cadeia de abastecimento?

a.   Criando um registo inviolável das transacções, garantindo a qualidade e a conformidade e facilitando uma compensação justa para os agricultores.

17)   Que papel desempenham os drones no apoio ao abastecimento ético e à certificação na agricultura?

a.   Os drones monitorizam a saúde das culturas e a utilização dos solos, verificando a adesão a práticas agrícolas sustentáveis e éticas.

18)	**Como é que a tecnologia móvel capacita os pequenos agricultores no contexto do comércio justo?**

a.	Facultando o acesso à informação, aos mercados e aos serviços financeiros e apoiando os pagamentos e os serviços bancários móveis.

19)	**Que desafios devem ser enfrentados para maximizar os benefícios das CNNs na agricultura?**

a.	Estas incluem a disponibilidade de dados, a exatidão dos modelos, a interoperabilidade dos sistemas tecnológicos e o acesso equitativo à tecnologia.

20)	**Olhando para o futuro, qual é a visão para a aplicação das CNNs na monitorização das plantações de cacau e não só?**

a.	A visão inclui um sector agrícola sustentável, eficiente e equitativo, alimentado por tecnologias avançadas que apoiam a agricultura de precisão e a gestão ambiental.

CAPÍTULO 4

Desafios, limitações e considerações éticas

O Capítulo 4 aborda os desafios técnicos, as limitações e as considerações éticas associadas à utilização das CNN na agricultura. Explora as exigências computacionais do processamento de imagens em grande escala, a importância da precisão e da fiabilidade e as questões éticas que envolvem a privacidade dos dados, a segurança e a utilização da IA. Este capítulo tem como objetivo promover uma compreensão equilibrada das capacidades tecnológicas e do quadro ético necessário para a aplicação responsável das CNN na monitorização das plantações de cacau.

Desafios técnicos

A resolução dos desafios técnicos associados ao processamento de imagens em grande escala e a garantia da precisão e fiabilidade da análise de dados em diversas condições ambientais são fundamentais para a utilização eficaz de imagens aéreas na agricultura. Estes desafios requerem soluções sofisticadas que potenciem os avanços tecnológicos e as metodologias de análise de dados.

Atendendo às necessidades computacionais do processamento de imagens em grande escala

Para responder às exigências computacionais do processamento de imagens em grande escala, especialmente no contexto de aplicações agrícolas que envolvem imagens de drones e de satélite, é necessária uma abordagem multifacetada. Esta abordagem combina avanços em hardware, software e técnicas de gestão de dados para processar, analisar e interpretar eficientemente grandes quantidades de dados de imagem. Eis como estes desafios podem ser enfrentados:

1. Tirar partido da computação em nuvem e da computação de alto desempenho (HPC)

Computação em nuvem: A utilização de serviços de computação em nuvem oferece acesso escalável e a pedido a recursos de computação, permitindo o processamento de grandes conjuntos de dados sem a necessidade de um investimento inicial significativo em infra-estruturas físicas. As plataformas de computação em nuvem fornecem serviços, desde o armazenamento de dados até à aprendizagem automática e capacidades de computação de alto desempenho que podem ser aumentadas ou reduzidas com base nas necessidades de processamento.

Computação de alto desempenho (HPC): Os sistemas HPC são concebidos para tratar e processar rapidamente tarefas com grande volume de dados. Ao tirar partido da HPC, os conjuntos de dados de imagens em grande escala podem ser processados em paralelo, reduzindo significativamente o tempo necessário para a análise. Os ambientes HPC são benéficos para a execução de simulações complexas, modelos de aprendizagem profunda e outras tarefas computacionalmente intensivas associadas ao processamento de imagens.

2. Processamento paralelo e aceleração por GPU

Processamento paralelo: A implementação de algoritmos que podem ser executados em paralelo em várias CPUs ou núcleos pode melhorar drasticamente a eficiência das tarefas de processamento de imagens. O processamento paralelo divide a carga de trabalho em partes mais pequenas, que são processadas simultaneamente, acelerando assim a tarefa global (Pesapane et al., 2018).

Aceleração de GPU: As GPUs são particularmente eficazes para tarefas que podem ser divididas em operações paralelas, como processamento de imagens e aprendizado profundo. A utilização de GPUs pode acelerar o processamento de dados de imagem em grande escala por ordens de magnitude em comparação com o processamento somente de CPU. As estruturas modernas de aprendizagem profunda são optimizadas para tirar o máximo partido das capacidades da GPU, tornando-as ideais para treinar modelos complexos em grandes conjuntos de dados.

3. Otimização de algoritmos e fluxos de trabalho de processamento de dados

Otimização de algoritmos: A otimização de algoritmos de processamento de imagem para eficiência e velocidade pode reduzir significativamente as exigências computacionais. Isto inclui a simplificação de cálculos, a redução da complexidade e a remoção de passos de processamento de dados desnecessários.

Fluxos de trabalho de processamento de dados eficientes: A conceção de fluxos de trabalho de processamento de dados eficientes que minimizem as operações redundantes e optimizem o fluxo de dados através do pipeline de processamento também pode ajudar a gerir as exigências computacionais. Isto pode implicar estratégias como o processamento de dados em lotes, a utilização de estruturas de dados eficientes e a aplicação de filtros numa fase inicial do fluxo de processamento para reduzir o volume de dados que tem de ser processado em fases posteriores.

4. Compressão de dados e armazenamento eficiente

Compressão de dados: A aplicação de técnicas de compressão de dados pode reduzir o tamanho dos ficheiros de imagem, tornando-os mais acessíveis e mais rápidos de transmitir, armazenar e processar. Os métodos de compressão sem perdas são preferidos para aplicações científicas e agrícolas, para garantir que não se perdem dados críticos.

Soluções de armazenamento eficientes: A utilização de soluções de armazenamento eficientes que proporcionem um acesso rápido de leitura/escrita pode aliviar os estrangulamentos computacionais. Isto inclui a utilização de unidades de estado sólido (SSD) para dados frequentemente acedidos e a implementação de estratégias de armazenamento em cache de dados para reduzir os tempos de acesso.

5. Computação de borda

Computação de ponta: O processamento de dados mais próximo da fonte de recolha de dados (por exemplo, no drone ou no satélite ou na sua proximidade) pode reduzir o volume de dados que tem de ser transmitido aos servidores centrais para processamento. Os dispositivos de computação periférica com capacidades de processamento podem efetuar análises preliminares, filtragem e compressão, transmitindo apenas os dados mais relevantes para processamento posterior.

6. Implementação da computação distribuída

Computação distribuída: O recurso a estruturas de computação distribuída pode melhorar ainda mais o processamento de conjuntos de dados de imagens em grande escala. A computação distribuída envolve vários computadores a trabalhar em conjunto para resolver tarefas de processamento complexas, dividindo efetivamente a carga de trabalho numa rede. Estruturas como o Apache Hadoop e o Apache Spark são adequadas para o processamento de grandes conjuntos de dados em ambientes de computação distribuída. Oferecem a vantagem de tratar grandes quantidades de dados de uma forma escalável, com o Spark a fornecer capacidades de computação na memória que podem acelerar significativamente os tempos de processamento (Eric et al., 2023).

7. Adoção da contentorização e dos microsserviços

Containerização: A utilização de tecnologias de contentores, como o Docker, pode simplificar a implementação de aplicações de processamento de imagens em diferentes ambientes informáticos. Os contentores empacotam o software com todas as suas dependências, garantindo a consistência independentemente do local onde o software está a ser executado. Isso é particularmente útil em um ambiente de computação distribuído, pois simplifica o gerenciamento de software em vários nós.

Arquitetura de microsserviços: A adoção de uma arquitetura de microsserviços para tarefas de processamento de imagens permite a decomposição de aplicações em serviços mais pequenos e independentes. Esta abordagem pode melhorar a escalabilidade e facilitar a atribuição eficiente de recursos, permitindo que cada serviço seja escalado de forma independente com base na procura. Os microsserviços podem ser particularmente eficazes para processar pipelines que envolvem várias etapas de processamento distintas, cada uma das quais pode ter diferentes requisitos computacionais.

8. Utilização de estruturas de processamento de dados em fluxo contínuo e em tempo real

Fluxo de dados: A incorporação de estruturas de streaming de dados pode ser crucial para aplicações que exigem processamento de dados em tempo real ou quase real. Tecnologias como o Apache Kafka e o Apache Flink são projetadas para processamento de dados de streaming de alta taxa de transferência e baixa latência. Ao processar os dados à medida que chegam, em vez de em grandes lotes, estas estruturas podem reduzir significativamente o tempo desde a recolha de dados até às informações acionáveis.

Estruturas de processamento em tempo real: A implementação de estruturas de processamento em tempo real permite a análise imediata de dados, o que é essencial para decisões sensíveis ao tempo na gestão agrícola. O processamento em tempo real pode permitir aplicações como a irrigação de precisão, em que é necessária uma análise imediata dos níveis de humidade para otimizar a utilização da água.

9. Melhorar o pré-processamento de dados

Pré-processamento automatizado: A automatização do pré-processamento de imagens pode reduzir significativamente a carga computacional durante a fase de análise. Técnicas como o corte automático, o redimensionamento e a normalização podem preparar as imagens para processamento de forma mais eficiente. Os fluxos de trabalho de pré-processamento automatizados podem detetar e corrigir problemas no conjunto de dados numa fase inicial, reduzindo os erros e melhorando a qualidade da análise.

Processamento seletivo: A aplicação de técnicas de processamento seletivo, em que apenas partes do conjunto de dados susceptíveis de conter informações relevantes são processadas em pormenor, também pode gerir as exigências computacionais. Esta abordagem requer avaliações iniciais rápidas para identificar áreas de interesse no conjunto de dados, concentrando os recursos computacionais onde são mais necessários.

10. Otimização avançada da aprendizagem automática

Poda de modelos e quantização: Para a análise de imagens baseada na aprendizagem profunda, técnicas como a poda de modelos (remoção de neurónios redundantes ou não influentes) e a quantização (redução da precisão dos números utilizados nos cálculos) podem reduzir os requisitos computacionais sem afetar significativamente a precisão. Estas optimizações podem tornar os modelos mais leves e mais rápidos, permitindo um processamento mais eficiente de grandes conjuntos de dados.

Aprendizagem por transferência: A utilização da aprendizagem por transferência, em que um modelo desenvolvido para uma tarefa é reutilizado para uma segunda tarefa relacionada, também pode poupar recursos computacionais. Começar com um modelo pré-treinado requer menos computação para adaptar o modelo às nuances específicas das imagens agrícolas, acelerando o processo de formação e reduzindo a carga computacional global.

11. Explorar a geração de dados sintéticos

Geração de dados sintéticos: A geração de dados sintéticos para treinar modelos de aprendizagem profunda pode reduzir significativamente a carga computacional do processamento de conjuntos de dados do mundo real em grande escala. Os dados sintéticos, criados através de simulações ou modelos generativos como as redes adversariais generativas (GAN), podem aumentar os conjuntos de dados existentes, fornecendo uma gama diversificada de condições e cenários que podem não estar representados nos dados recolhidos. Esta abordagem aumenta a robustez e a capacidade de generalização dos modelos e reduz a necessidade de recolha e processamento extensivos de dados.

12. Investir em hardware especializado

Hardware especializado para IA: Para além das GPUs de uso geral, investir em hardware especializado concebido especificamente para tarefas de IA e aprendizagem automática pode oferecer vantagens computacionais substanciais. Hardware como as Unidades de Processamento Tensor (TPUs) da Google e outros aceleradores de IA são optimizados para as operações matriciais e o elevado paralelismo exigido na aprendizagem profunda, proporcionando tempos de processamento mais rápidos e maior eficiência do que o hardware de computação tradicional.

13. Implementação de técnicas de amostragem inteligente

Amostragem inteligente: As técnicas de amostragem inteligente podem reduzir o volume de dados que precisam de ser processados sem comprometer a qualidade dos conhecimentos. Ao selecionar de forma inteligente um subconjunto representativo dos dados para análise, os recursos computacionais podem concentrar-se nas partes mais informativas do conjunto de dados(Najjar, 2023c). Técnicas como a aprendizagem ativa, em que o modelo identifica e dá prioridade aos pontos de dados que irão melhorar o seu desempenho, podem otimizar os recursos computacionais no processamento do conjunto de dados e na formação do modelo.

14. Adoção de modelos de aprendizagem progressiva e ao longo da vida

Aprendizagem incremental: Os modelos de aprendizagem incremental que aprendem com novos dados sem esquecer o conhecimento anterior podem reduzir a necessidade de reciclar os modelos a partir do zero com cada novo conjunto de dados. Esta abordagem é benéfica para o processamento de dados de imagem em grande escala, uma vez que os modelos podem ser actualizados com novas informações à medida que estas ficam disponíveis, minimizando as exigências computacionais ao longo do tempo.

Aprendizagem ao longo da vida: Os sistemas de aprendizagem ao longo da vida aprendem e adaptam-se continuamente ao longo do tempo, acumulando conhecimentos e aperfeiçoando a sua compreensão. Ao implementar os princípios da aprendizagem ao longo da vida, os modelos podem tornar-se mais eficientes e exigir menos poder computacional para a formação em grandes conjuntos de dados, uma vez que aproveitam os conhecimentos existentes para dar sentido aos novos dados.

15. Melhorar a interpretabilidade e a depuração de modelos

Ferramentas de interpretabilidade do modelo: O aumento da interpretabilidade do modelo pode indiretamente responder às exigências computacionais, facilitando a identificação e a correção de ineficiências no modelo. As ferramentas e técnicas que fornecem informações sobre a forma como os modelos tomam decisões podem ajudar a otimizar a arquitetura do modelo, eliminar componentes desnecessários e simplificar os fluxos de trabalho de processamento de dados, conduzindo a uma computação mais eficiente.

Práticas de depuração eficientes: O estabelecimento de práticas de depuração eficientes para identificar estrangulamentos e erros em condutas de processamento de dados e rotinas de formação de modelos pode poupar recursos computacionais significativos. Ao identificar rapidamente os problemas, os recursos podem ser reafectados a tarefas mais produtivas, aumentando a eficiência global do processamento.

Garantir a precisão e a fiabilidade em diversas condições ambientais

1. Modelos avançados de aprendizagem automática: O desenvolvimento e a implantação de modelos avançados de aprendizagem automática e de aprendizagem profunda, nomeadamente os que são resistentes a variações na qualidade dos dados e nas condições ambientais, são cruciais. Estes modelos podem ser treinados para reconhecer e adaptar-se às caraterísticas específicas de diferentes ambientes, melhorando a sua precisão e fiabilidade. A aprendizagem por transferência, em que um modelo treinado num conjunto de dados é adaptado para funcionar com outro, também pode ajudar a ajustar-se rapidamente a novas condições.

2. Aumento dos dados e dados sintéticos: As técnicas de aumento de dados, como a rotação, o escalonamento ou a aplicação de ruído às imagens, podem aumentar a diversidade do conjunto de dados de treino, tornando o modelo mais robusto a variações nas condições do mundo real. Além disso, a utilização de dados sintéticos gerados através de simulações pode ajudar a treinar modelos para reconhecer e interpretar padrões complexos em ambientes não bem representados nos dados disponíveis.

3. Fusão de sensores e integração de dados multimodais: A integração de dados de múltiplos sensores e fontes (fusão de sensores) pode aumentar a precisão e a fiabilidade da análise. Por exemplo, a combinação de imagens ópticas com dados de radar (SAR), que são menos afectados pelas condições meteorológicas, pode proporcionar uma visão mais abrangente da paisagem agrícola, garantindo uma análise fiável dos dados, mesmo em condições meteorológicas adversas.

4. Validação e calibração rigorosas: A validação e a calibração rigorosas dos modelos e dos dados em relação às medições no terreno são essenciais para garantir a exatidão. Isto implica comparar regularmente os resultados das tarefas de processamento e análise de imagens com os dados reais do terreno e ajustar os modelos, se necessário, para corrigir eventuais discrepâncias.

5. Formação e atualização contínuas dos modelos: Os modelos de aprendizagem automática podem sofrer desvios ao longo do tempo, à medida que as condições ambientais e as práticas agrícolas se alteram. O treino e a atualização contínuos dos modelos com novos dados podem ajudar a manter a sua precisão e fiabilidade. Esta abordagem adaptativa garante que os modelos se mantêm eficazes à medida que as condições evoluem.

Privacidade e segurança dos dados

A privacidade e a segurança dos dados são preocupações críticas quando se lida com dados geoespaciais sensíveis, especialmente na agricultura, onde as imagens de drones e de satélites podem revelar informações detalhadas sobre a utilização dos solos, a saúde das culturas e, potencialmente, até sobre as práticas individuais dos agricultores. Garantir a proteção destes dados envolve uma abordagem abrangente que inclui medidas técnicas, conformidade legal e adesão a quadros éticos.

Proteção de dados geoespaciais sensíveis

Na era da agricultura digital, a proteção de dados geoespaciais sensíveis tornou-se fundamental. Os pormenores intrincados captados por esses dados, incluindo os padrões de utilização dos solos, a saúde das culturas e as práticas agrícolas precisas, exigem uma abordagem sólida à segurança e à privacidade. Esta abordagem multifacetada entrelaça soluções tecnológicas com quadros políticos rigorosos e um compromisso global com normas éticas. No centro da proteção dos dados geoespaciais está a aplicação de técnicas de encriptação. Ao encriptar os dados quando são armazenados (em repouso) e durante a sua transmissão (em trânsito), as organizações podem garantir que as informações sensíveis permanecem seguras e inacessíveis a partes não autorizadas. Esta encriptação funciona como a primeira linha de defesa, criando um ambiente seguro para o tratamento de dados (Najjar, 2023c). Os mecanismos de controlo de acesso e os protocolos de autenticação robustos desempenham um papel crucial no complemento da encriptação. Métodos de autenticação fortes, como a autenticação de dois factores, garantem que apenas indivíduos autorizados podem aceder aos dados, reduzindo significativamente o risco de violações não autorizadas. Os sistemas de controlo de acesso baseado em funções (RBAC) aperfeiçoam ainda mais este processo, permitindo a gestão granular dos direitos de acesso com base nas funções e responsabilidades específicas dos utilizadores, garantindo que os indivíduos apenas têm acesso aos dados necessários para as suas tarefas.

Para além das salvaguardas técnicas, os princípios de anonimização e pseudonimização são utilizados para proteger a privacidade individual. Ao remover ou ofuscar informações identificáveis de conjuntos de dados, as organizações podem minimizar os riscos de privacidade quando as identidades pessoais não são essenciais para a análise de dados. Esta abordagem aumenta a privacidade e alinha-se com os princípios de privacidade desde a conceção, que enfatizam a recolha e retenção mínimas de dados pessoais. As soluções de armazenamento seguro de dados constituem outra pedra angular da proteção de dados. Optar por fornecedores de armazenamento que aderem a normas de segurança internacionais e efectuam auditorias de segurança regulares garante que os dados estão protegidos contra ameaças físicas e cibernéticas (Mustak et al., 2021). Este processo de seleção é fundamental, uma vez que garante a integridade e a confidencialidade dos dados ao longo do seu ciclo de vida. As auditorias de segurança e as avaliações de vulnerabilidade regulares são indispensáveis para manter uma defesa sólida contra as ameaças emergentes. Estas medidas proactivas permitem às organizações identificar vulnerabilidades nos seus sistemas e implementar mitigações atempadas, fortalecendo a sua postura de segurança.

A incorporação da tecnologia de geofencing acrescenta uma camada inovadora de segurança, controlando o acesso aos dados com base na localização geográfica do pedido. Este método impede o acesso não autorizado a partir de locais fora dos limites predefinidos, acrescentando uma dimensão geográfica às estratégias de segurança dos dados. As políticas de retenção de dados desempenham um papel fundamental na minimização do risco, definindo claramente o tempo de vida dos dados armazenados. Estas políticas determinam o tempo durante o qual os dados são retidos e estabelecem protocolos para a sua eliminação ou arquivo seguro quando já não são necessários. Estas práticas cumprem os requisitos legais e reduzem o volume de dados vulneráveis a potenciais violações. Os programas de formação e sensibilização são a base da promoção de uma cultura de segurança nas organizações. Ao educar o pessoal sobre a importância da privacidade dos dados e das melhores práticas de segurança, as organizações podem garantir que todos os membros da equipa estão preparados para contribuir para a proteção de dados sensíveis.

Por fim, a adesão a quadros legais e regulamentares, como o Regulamento Geral de Proteção de Dados (RGPD) ou a Lei de Privacidade do Consumidor da Califórnia (CCPA), sublinha o compromisso de uma organização com a privacidade dos dados. A conformidade com estes regulamentos não só evita potenciais repercussões legais, como também assinala às partes interessadas a dedicação da organização a práticas éticas de gestão de dados. A proteção de dados geoespaciais sensíveis no sector agrícola requer uma estratégia abrangente que combine tecnologia avançada, quadros políticos rigorosos e um compromisso inabalável com a privacidade e a segurança. Através de uma vigilância contínua e da adaptação a novas ameaças e tecnologias, as organizações podem salvaguardar os valiosos conhecimentos derivados dos dados geoespaciais, fomentando a confiança e assegurando a utilização responsável desta informação na promoção de práticas agrícolas sustentáveis e produtivas (El Morabit et al., 2019).

Esta abordagem abrangente à proteção de dados geoespaciais sensíveis sublinha a complexidade e a natureza crítica da segurança de dados na era digital, particularmente no sector agrícola, onde os riscos são inerentemente elevados. As nuances dos dados agrícolas, que detalham as complexidades da terra, a saúde das colheitas e as práticas operacionais, exigem defesas técnicas rigorosas e uma compreensão profunda das implicações éticas do tratamento de dados. A jornada para proteger esses dados é contínua, evoluindo com cada avanço tecnológico e cada mudança no cenário global de privacidade de dados. À medida que as organizações navegam neste panorama, a integração de tecnologias avançadas, como os algoritmos de aprendizagem automática para deteção de anomalias e a cadeia de blocos para integridade dos dados, oferece novas vias para melhorar a segurança dos dados. A aprendizagem automática pode fornecer informações preditivas sobre potenciais ameaças à segurança, permitindo uma ação preventiva. Ao mesmo tempo, o livro-razão imutável da cadeia de blocos garante a integridade e a rastreabilidade das transacções de dados, oferecendo um quadro transparente e seguro para o tratamento e a partilha de dados (Corsaro et al., 2022).

O papel da colaboração internacional e dos organismos de normalização tem-se tornado cada vez mais significativo. Estas entidades podem promover o desenvolvimento de normas globais de privacidade e segurança de dados geoespaciais, encorajando a adoção das melhores práticas através das fronteiras e das indústrias. Ao participar nestes esforços de colaboração, as organizações podem contribuir e beneficiar de uma sabedoria colectiva que eleva as estratégias de proteção de dados a novos patamares. Paralelamente, a importância da consciencialização do público e do envolvimento das partes interessadas não pode ser sobrestimada. À medida que os consumidores e o público em geral se tornam mais conscientes das questões da privacidade dos dados, as suas expectativas de transparência e segurança também aumentam. As organizações devem, por conseguinte, estabelecer diálogos abertos com as partes interessadas, articulando as suas medidas de proteção de dados e demonstrando o seu empenho numa utilização ética dos dados. Esta transparência gera confiança e incentiva uma mudança cultural mais alargada no sentido de um tratamento mais responsável dos dados em todo o ecossistema (Mazzone & Elgammal, 2019).

O desafio da proteção de dados geoespaciais sensíveis na agricultura irá, sem dúvida, persistir, impulsionado pelo ritmo implacável da mudança tecnológica e pelas tácticas em constante evolução dos adversários cibernéticos. No entanto, as organizações podem enfrentar estes desafios com confiança, adoptando uma abordagem holística que combine soluções tecnológicas de ponta com quadros políticos rigorosos, considerações éticas e cooperação internacional. O objetivo é aproveitar o imenso valor dos dados geoespaciais para a inovação e sustentabilidade agrícola, assegurando simultaneamente que a privacidade e a segurança desta informação não sejam comprometidas. Na sua essência, a segurança dos dados geoespaciais sensíveis é um esforço multifacetado que vai para além da mera conformidade ou de soluções técnicas. Trata-se de promover um ambiente em que os dados sejam protegidos e utilizados de forma responsável, ética e sustentável, garantindo que o sector agrícola possa continuar a prosperar na era digital (Hartung, 2023). O caminho a seguir exige vigilância, inovação e colaboração, sustentadas por um compromisso firme de manter os mais elevados padrões de privacidade e segurança na gestão de dados.

Este compromisso com a proteção de dados salvaguarda os detalhes intrincados capturados nos conjuntos de dados geoespaciais e mantém a confiança depositada pelos agricultores, proprietários de terras e pela comunidade agrícola em geral. Num mundo cada vez mais dependente de decisões baseadas em dados, a integridade dos dados geoespaciais torna-se sinónimo da fiabilidade dos conhecimentos agrícolas deles derivados. Como tal, as metodologias empregues para proteger estes dados evoluem para uma componente crítica do ecossistema da tecnologia agrícola, necessitando de inovação e vigilância contínuas. O panorama dinâmico da agricultura digital, marcado por rápidos avanços tecnológicos e pela evolução das ciberameaças, exige uma abordagem proactiva da proteção de dados. As organizações devem manter-se a par das mais recentes tecnologias de encriptação, mecanismos de controlo do acesso e técnicas de reforço da privacidade (Anantrasirichai & Bull, 2022). Isto inclui a exploração de tecnologias emergentes, como a cadeia de blocos, para uma partilha segura de dados e o aproveitamento da inteligência artificial para melhorar as capacidades de deteção e resposta a ameaças.

Além disso, a natureza colaborativa do sector agrícola, que envolve várias partes interessadas, desde agricultores a empresas agrícolas e instituições de investigação, sublinha a importância de estabelecer normas e práticas comuns em matéria de privacidade e segurança dos dados. Este esforço coletivo pode levar ao desenvolvimento de protocolos para toda a indústria que garantam uma abordagem unificada à proteção de dados geoespaciais sensíveis, promovendo um ambiente de confiança e cooperação mútuas. O envolvimento com os decisores políticos e os organismos reguladores também desempenha um papel crucial na definição do panorama jurídico que rege a utilização de dados geoespaciais. Ao participarem ativamente no diálogo em torno da privacidade dos dados e dos regulamentos de segurança, as partes interessadas do sector agrícola podem ajudar a moldar políticas que protejam a privacidade individual e conduzam ao avanço das tecnologias agrícolas. A educação e a sensibilização ultrapassam os limites das organizações, chegando à comunidade agrícola em geral. As iniciativas destinadas a educar os agricultores e os trabalhadores agrícolas sobre a importância da privacidade dos dados, os riscos potenciais associados às violações de dados e as melhores práticas de gestão de dados podem capacitar os indivíduos a nível das bases (Lamotte, 2020). Esta capacitação é crucial para a construção de um ecossistema agrícola resiliente em que os dados são simultaneamente um ativo valioso e uma responsabilidade partilhada. Ao refletir sobre o futuro da agricultura digital, é evidente que a proteção de dados geoespaciais sensíveis continuará a ser uma preocupação central. À medida que o sector continua a aproveitar o poder dos dados para a inovação e a sustentabilidade, as estratégias implementadas para garantir a privacidade e a segurança dos dados terão de ser tão dinâmicas e adaptáveis como as tecnologias que visam proteger. Este compromisso contínuo com a proteção de dados salvaguardará os interesses das partes interessadas individuais e preservará a integridade do sector agrícola como um todo, abrindo caminho para um futuro em que a agricultura baseada em dados continuará a prosperar sobre uma base de confiança e segurança.

Quadros legais e éticos para a utilização de dados

Navegar no complexo cenário de quadros legais e éticos para a utilização de dados geoespaciais na agricultura é fundamental para as organizações que pretendem aproveitar o poder destes dados de forma responsável. Os quadros legais, como o Regulamento Geral de Proteção de Dados (RGPD) na União Europeia e a Lei de Privacidade do Consumidor da Califórnia (CCPA) nos Estados Unidos, fornecem diretrizes rigorosas que regem a recolha, o processamento e o armazenamento de dados pessoais, incluindo informações geoespaciais. Estes regulamentos sublinham a importância de obter o consentimento informado dos indivíduos, garantindo a minimização dos dados e defendendo os direitos dos indivíduos de aceder e controlar os seus dados. Além disso, as leis de propriedade intelectual protegem a propriedade e a utilização criativa de conjuntos de dados geoespaciais, equilibrando os direitos dos criadores de dados com o interesse público no acesso e utilização desta informação.

Para além da conformidade legal, as considerações éticas são cruciais para orientar a utilização responsável dos dados geoespaciais. Os princípios da transparência e da responsabilidade são fundamentais, exigindo que as organizações sejam abertas sobre as suas práticas de dados e assumam a responsabilidade pelos impactos das suas acções nos indivíduos e nas comunidades. Isto inclui tornar claros os objectivos para os quais os dados são recolhidos e utilizados, bem como qualquer potencial partilha de informação com terceiros. Os enquadramentos éticos também exigem um forte compromisso com a privacidade, defendendo a proteção dos dados individuais para além dos requisitos legais mínimos e dando ênfase ao consentimento informado.

A equidade e a utilização justa são pilares éticos adicionais, garantindo que os benefícios derivados dos dados geoespaciais sejam distribuídos de forma justa e não contribuam para aumentar as disparidades dentro das comunidades e entre elas. Para tal, é necessário examinar cuidadosamente o modo como os projectos de dados podem afetar diferentes grupos, especialmente populações vulneráveis, e tomar medidas proactivas para atenuar quaisquer efeitos adversos. O conceito de gestão de dados alarga ainda mais a responsabilidade ética das organizações, apelando a uma perspetiva de longo prazo sobre o impacto das práticas de dados. Isto inclui a manutenção de uma elevada qualidade dos dados, a proteção contra a utilização indevida e a consideração das implicações ambientais e sociais mais amplas dos esforços de recolha e análise de dados. O envolvimento com as partes interessadas é outro aspeto crítico da utilização ética dos dados, envolvendo o diálogo e a colaboração com comunidades, agricultores, organismos reguladores e outras partes afectadas. Este envolvimento garante que os projectos de dados estão alinhados com as necessidades, valores e preocupações das pessoas afectadas, promovendo a confiança e a cooperação (Haenlein & Kaplan, 2019). Ao integrar estes quadros legais e éticos nas suas operações, as organizações podem garantir que a sua utilização de dados geoespaciais na agricultura impulsiona a inovação e a eficiência, respeita a privacidade individual, promove a justiça e contribui para o desenvolvimento sustentável do sector agrícola. Esta abordagem equilibrada à utilização de dados é essencial numa era em que as tecnologias digitais são cada vez mais parte integrante das práticas agrícolas, oferecendo um caminho para aproveitar os benefícios dos dados geoespaciais, mantendo os mais elevados padrões de responsabilidade e cuidado.

Nesta era de rápidos avanços tecnológicos e de crescente dependência da tomada de decisões agrícolas baseadas em dados, o imperativo de continuar neste caminho de utilização responsável de dados geoespaciais não pode ser exagerado. À medida que as organizações se aprofundam na agricultura de precisão, na monitorização ambiental e na gestão de recursos, o volume e a variedade de dados geoespaciais recolhidos e analisados estão a aumentar exponencialmente. Este cenário de dados em expansão traz consigo não só oportunidades para uma maior produtividade e sustentabilidade agrícola, mas também uma maior responsabilidade de navegar pelos meandros éticos e legais que acompanham esses dados. O caminho para uma utilização responsável dos dados não é estático, mas sim um processo contínuo de adaptação e aprendizagem. As organizações têm de adaptar as suas políticas e práticas para se manterem em conformidade, à medida que os quadros jurídicos evoluem para dar resposta a novas preocupações de privacidade e capacidades tecnológicas. A natureza dinâmica de leis como o RGPD e a CCPA reflecte a mudança de atitudes da sociedade em relação à privacidade e à segurança dos dados, exigindo uma abordagem vigilante à conformidade legal. Isto inclui manter-se informado sobre as alterações legislativas, efetuar auditorias regulares às práticas de dados e promover uma cultura de conformidade nas organizações (Anantrasirichai & Bull, 2022).

Eticamente, o compromisso com a transparência, a equidade e a privacidade exige mais do que a adesão aos mínimos legais; exige uma postura proactiva que antecipe os potenciais impactos da utilização de dados e procure mitigá-los. Por exemplo, a utilização de tecnologias geoespaciais na agricultura deve ser orientada por considerações éticas que dêem prioridade ao bem-estar de todas as partes interessadas, incluindo as comunidades locais, os agricultores e o ambiente. Este compromisso ético manifesta-se em práticas como a realização de avaliações de impacto, o envolvimento num diálogo aberto com as comunidades afectadas e a implementação de técnicas de minimização e anonimização de dados para proteger a privacidade individual. O princípio do envolvimento das partes interessadas sublinha a importância de construir pontes entre os colectores de dados, os utilizadores e os sujeitos desses dados. Esta abordagem de colaboração enriquece a compreensão das implicações e oportunidades dos dados, cria confiança e promove um sentido de responsabilidade partilhada. Através de fóruns, workshops e comunicação transparente, as partes interessadas podem contribuir para dar forma a práticas de dados que reflictam interesses e valores diversos.

Olhando para o futuro, a integração de quadros legais e éticos no tecido das práticas de dados agrícolas apresenta um caminho para um sector agrícola mais equitativo e sustentável. Esta integração assegura a conformidade com os regulamentos actuais e prepara as organizações para enfrentar os desafios futuros da governação de dados. Ao incorporar estas estruturas no seu ADN operacional, as organizações podem aproveitar o vasto potencial dos dados geoespaciais para impulsionar a inovação na agricultura, salvaguardando os direitos e interesses dos indivíduos e das comunidades. A utilização responsável de dados geoespaciais na agricultura é um esforço multifacetado que entrelaça a conformidade legal com a integridade ética. medida que o sector agrícola continua a evoluir na sua utilização das tecnologias digitais, o compromisso com estes princípios será fundamental para a realização de todo o potencial dos dados geoespaciais. Esta abordagem assegura o desenvolvimento sustentável das práticas agrícolas. Mantém a confiança de todas as partes interessadas envolvidas, preparando o caminho para um futuro em que a tecnologia e os dados impulsionam o progresso em harmonia com as normas éticas e legais.

Considerações éticas

As considerações éticas em torno da integração da tecnologia na agricultura, particularmente no que respeita à segurança do emprego para as comunidades locais e à garantia de um acesso justo à tecnologia para os pequenos agricultores, são questões cruciais que exigem uma atenção cuidada. À medida que as ferramentas digitais e os sistemas automatizados se tornam cada vez mais predominantes no sector agrícola, aumenta o potencial de transformação positiva e de consequências indesejadas. Eis um olhar mais aprofundado sobre estas considerações éticas:

Equilíbrio entre a integração tecnológica e a segurança do emprego nas comunidades locais

A integração de tecnologia de ponta na agricultura, como a agricultura de precisão, a automação e a análise avançada de dados, promete benefícios transformadores, incluindo o aumento do rendimento das culturas, a redução da pegada ambiental e uma maior eficiência na utilização dos recursos. No entanto, esta evolução tecnológica também apresenta um dilema ético significativo: a potencial deslocação de trabalhadores e o enfraquecimento da segurança do emprego nas comunidades locais que tradicionalmente dependem da agricultura para a sua subsistência. Para responder a esta preocupação, é necessária uma abordagem diferenciada que aceite as vantagens da inovação tecnológica e salvaguarde o tecido social e a estabilidade económica destas comunidades.

Para resolver este dilema, é fundamental implementar iniciativas abrangentes de formação e educação. Ao preparar a mão de obra para a transição para funções tecnologicamente mais avançadas, as comunidades podem passar das práticas tradicionais de mão de obra intensiva para aquelas que exigem conhecimentos técnicos especializados na gestão e manutenção de novas tecnologias agrícolas. Esta mudança ajuda a preservar os empregos existentes e abre caminho a oportunidades de emprego mais qualificado e, muitas vezes, mais bem remunerado, aumentando a resiliência económica global da comunidade. Além disso, é crucial promover um ambiente de envolvimento da comunidade e de tomada de decisões inclusiva. A incorporação das vozes e perspectivas das comunidades locais no planeamento e implantação de tecnologias agrícolas garante que a adoção destas inovações se alinhe com as suas necessidades, aspirações e capacidades. Esta abordagem participativa pode identificar potenciais impactos adversos no emprego numa fase inicial, permitindo o desenvolvimento de estratégias que atenuem os riscos e maximizem os benefícios para a comunidade. A diversificação da economia local apresenta outra via viável para equilibrar o avanço tecnológico com a segurança do emprego. Incentivar o crescimento de empresas auxiliares que apoiam e complementam o sector agrícola - como a manutenção tecnológica, a logística da cadeia de abastecimento e as plataformas de mercado digital - pode estimular a criação de novos postos de trabalho. Esta diversificação económica, impulsionada pela tecnologia, pode levar a uma economia local mais robusta e resiliente, capaz de manter o emprego mesmo com a evolução do trabalho agrícola (He et al., 2010).

O apoio ao espírito empresarial nestas comunidades é igualmente importante. Ao proporcionar acesso a capital, formação empresarial e acesso ao mercado, os residentes locais podem tirar partido das novas tecnologias para lançar projectos inovadores. Estas empresas, baseadas nas oportunidades únicas apresentadas pelos avanços tecnológicos na agricultura, podem impulsionar o crescimento económico e a criação de emprego, contrabalançando qualquer deslocação causada pela automatização e mecanização. As intervenções governamentais e políticas são também fundamentais para garantir que a transição para uma agricultura de tecnologia intensiva não se faça à custa da segurança do emprego. As políticas que incentivam a criação de emprego no sector agrícola baseado na tecnologia, investem em infra-estruturas rurais para apoiar a conetividade digital e estabelecem redes de segurança social para as pessoas afectadas pela deslocação tecnológica podem proporcionar um cenário de apoio a esta transição.

Finalmente, a utilização ética da tecnologia na agricultura exige uma abordagem consciensiosa que dê prioridade ao bem-estar humano a par dos ganhos de produtividade e eficiência. Isto inclui a seleção de tecnologias que aumentem o trabalho humano em vez de o substituírem e a implementação destas tecnologias de forma faseada para permitir a adaptação da comunidade. Esta abordagem garante que o progresso tecnológico na agricultura contribui para o objetivo mais amplo do desenvolvimento sustentável, melhorando o bem-estar das comunidades locais ao mesmo tempo que aumenta a produtividade agrícola. Essencialmente, o caminho para a integração da tecnologia na agricultura, ao mesmo tempo que se enfrentam os desafios da segurança do emprego para as comunidades locais, é complexo e multifacetado. Requer um esforço concertado de todas as partes interessadas - governos, empresas, líderes comunitários e mão de obra agrícola - para garantir que os frutos da inovação tecnológica são partilhados de forma equitativa. Ao adotar estratégias que privilegiem o desenvolvimento de competências, a diversificação económica e a implantação ética da tecnologia, o sector agrícola pode avançar para um futuro em que o avanço tecnológico e a segurança do emprego se reforcem mutuamente, conduzindo a comunidades prósperas e resistentes.

Garantir o acesso equitativo dos pequenos agricultores à tecnologia
Garantir um acesso justo à tecnologia para os pequenos agricultores é uma questão crítica que se cruza com temas mais amplos de equidade, sustentabilidade e desenvolvimento económico no sector agrícola. À medida que o panorama agrícola global evolui, impulsionado pelos avanços tecnológicos, como a agricultura de precisão, os dispositivos IoT e a análise de dados, o fosso entre as explorações agrícolas de grande escala e com bons recursos e os pequenos agricultores corre o risco de aumentar. Esta disparidade pode exacerbar as desigualdades existentes e comprometer os esforços para alcançar práticas agrícolas sustentáveis que beneficiem todas as partes interessadas. Para enfrentar este desafio, é necessária uma abordagem multifacetada que englobe intervenções políticas, estruturas de apoio à comunidade e soluções tecnológicas inovadoras.

Intervenções políticas e apoio financeiro

Os governos e os organismos internacionais desempenham um papel crucial na criação de condições equitativas para os pequenos agricultores. Ao implementar políticas que fornecem apoio financeiro direto, subsídios para investimentos tecnológicos ou incentivos fiscais para a adoção de práticas agrícolas sustentáveis, as autoridades podem reduzir significativamente os obstáculos ao acesso à tecnologia. Por exemplo, programas de subsídios direcionados ou esquemas de empréstimos a juros baixos especificamente concebidos para pequenos agricultores podem facilitar a compra de equipamento e software necessários para aumentar a produtividade e a sustentabilidade. Além disso, as políticas que incentivam as parcerias público-privadas podem estimular a inovação no desenvolvimento de soluções tecnológicas económicas e escaláveis, adaptadas às necessidades das operações em pequena escala.

Abordagens baseadas na comunidade e modelos de cooperação

As abordagens baseadas na comunidade e a formação de cooperativas ou grupos de agricultores oferecem um mecanismo poderoso para reunir recursos e conhecimentos, permitindo assim o acesso coletivo a tecnologias que podem ser inatingíveis para os agricultores individuais. Através das cooperativas, os pequenos agricultores podem obter economias de escala, negociando melhores preços para os factores de produção e serviços tecnológicos e partilhando os custos e benefícios do equipamento agrícola de alta tecnologia e das ferramentas digitais. Além disso, estes grupos podem servir de plataformas para o intercâmbio de conhecimentos e o desenvolvimento de capacidades, onde os agricultores partilham as melhores práticas e aprendem com as experiências uns dos outros com as novas tecnologias.

Soluções tecnológicas inovadoras e acessíveis

O desenvolvimento de tecnologias de baixo custo e de fácil utilização, especificamente concebidas para os pequenos agricultores, é essencial para colmatar o fosso tecnológico. Os inovadores e as empresas tecnológicas devem concentrar-se na criação de soluções acessíveis, fáceis de utilizar e que exijam uma infraestrutura mínima adaptada às limitações e necessidades das operações em pequena escala. Isto inclui aplicações móveis que forneçam previsões meteorológicas, preços de mercado, aconselhamento agrícola e versões simplificadas de ferramentas de agricultura de precisão que possam funcionar sem a necessidade de infra-estruturas de TI extensas. As plataformas e ferramentas de código aberto oferecem recursos valiosos para os pequenos agricultores, proporcionando acesso gratuito a software de apoio à gestão das explorações agrícolas, à análise de dados e aos processos de tomada de decisões.

Serviços de educação, formação e extensão

Garantir que os pequenos agricultores tenham os conhecimentos e as competências necessárias para utilizar as novas tecnologias de forma eficaz é tão importante como as próprias tecnologias. Os governos, as ONG e as instituições académicas devem investir em programas abrangentes de educação e formação que cubram os aspectos técnicos da utilização de novas ferramentas e conceitos mais amplos de gestão agrícola, sustentabilidade e literacia digital. Os serviços de extensão desempenham um papel vital neste contexto, como ponte entre os fornecedores de tecnologia e a comunidade agrícola, oferecendo apoio, formação e aconselhamento no terreno.

Tirar partido das plataformas digitais para aceder ao mercado

As plataformas digitais podem democratizar o acesso ao mercado, proporcionando aos pequenos agricultores novas oportunidades para venderem os seus produtos, acederem a factores de produção e ligarem-se diretamente aos consumidores. As plataformas de comércio eletrónico, as aplicações de comércio móvel e os mercados agrícolas em linha podem reduzir os intermediários, melhorar a transparência dos preços e abrir novos fluxos de receitas para os pequenos produtores. As políticas e iniciativas que apoiam o desenvolvimento e a utilização destas plataformas, garantindo que são acessíveis e benéficas para os pequenos agricultores, podem aumentar significativamente a sua viabilidade económica e competitividade no mercado. Garantir um acesso justo à tecnologia para os pequenos agricultores exige esforços concertados de várias partes interessadas, incluindo os governos, os criadores de tecnologia, o sector privado e a comunidade agrícola. Através do apoio político, de iniciativas orientadas para a comunidade, de soluções tecnológicas acessíveis e de esforços de reforço das capacidades, é possível colmatar o fosso tecnológico, permitindo que os pequenos agricultores melhorem a sua produtividade, sustentabilidade e meios de subsistência face aos desafios agrícolas globais.

Perguntas e respostas

1) **Quais são os principais desafios técnicos na implementação de CNNs para o processamento de imagens em grande escala na monitorização de plantações de cacau?**

a. Os principais desafios técnicos consistem em responder às exigências computacionais e garantir a precisão e a fiabilidade em diversas condições ambientais.

2) **Como podem ser geridas as questões de privacidade e segurança dos dados quando se utilizam CNN para monitorizar as plantações de cacau?**

a.   A proteção de dados geoespaciais sensíveis e a adesão a quadros legais e éticos para a utilização de dados são fundamentais para gerir as questões de privacidade e segurança dos dados.

3)   Quais são as considerações éticas a ter em conta na integração das tecnologias CNN na monitorização das plantações de cacau?

a.   O equilíbrio entre a integração tecnológica e a segurança do emprego para as comunidades locais e a garantia de um acesso justo à tecnologia para os pequenos agricultores são considerações éticas importantes.

4)   Por que razão é crucial responder às exigências computacionais para as aplicações da CNN na agricultura?

a.   É crucial porque o processamento de dados de imagem em grande escala requer recursos computacionais significativos, afectando a viabilidade e a escalabilidade das aplicações CNN.

5)   Como é que a diversidade das condições ambientais afecta a precisão e a fiabilidade das CNN na monitorização das plantações de cacau?

a.   A variabilidade da iluminação, do clima e da saúde das plantas pode afetar a qualidade da imagem e a capacidade da CNN para identificar e classificar caraterísticas com precisão, o que constitui um desafio à fiabilidade.

6)   Que papel desempenha a privacidade dos dados na utilização de CNNs para a monitorização agrícola?

a.   A privacidade dos dados é vital para proteger as informações sensíveis dos agricultores e os pormenores específicos das condições das suas terras e culturas contra o acesso não autorizado.

7)   Como podem os quadros jurídicos e éticos apoiar a utilização responsável das CNN na agricultura?

a.   Estes quadros garantem que os dados são recolhidos, armazenados e processados de forma a respeitar os direitos de privacidade e a cumprir as normas regulamentares.

8)   Quais são as consequências de não equilibrar a integração tecnológica com a segurança do emprego nas comunidades locais?

a.   Pode conduzir ao desemprego e à agitação social, uma vez que os trabalhadores locais podem ser deslocados por sistemas automatizados, o que realça a necessidade de uma integração tecnológica responsável.

9)		**Porque é que garantir um acesso justo à tecnologia CNN é importante para os pequenos agricultores?**

a.		Assegura que os benefícios da tecnologia, como o aumento do rendimento e a deteção de doenças, sejam distribuídos de forma equitativa, apoiando o desenvolvimento sustentável.

10)		**Como é que as exigências computacionais afectam a implantação de CNNs em áreas remotas ou com recursos limitados?**

a.		Os elevados requisitos computacionais podem limitar a implantação em zonas remotas devido à falta de infra-estruturas de apoio ao processamento e análise de dados.

11)		**Que estratégias podem ser utilizadas para melhorar a precisão das CNN em diversas condições ambientais?**

a.		A utilização de técnicas robustas de aumento de dados e o desenvolvimento de algoritmos que sejam invariáveis às alterações das condições podem aumentar a exatidão.

12)		**De que forma pode o sector agrícola abordar as preocupações com a privacidade dos dados relacionadas com as aplicações CNN?**

a.		A implementação de uma forte encriptação de dados, de controlos de acesso e de técnicas de anonimização pode atenuar as preocupações com a privacidade.

13)		**Como é que os quadros jurídicos se podem adaptar à utilização emergente das CNN na agricultura?**

a.		Os quadros jurídicos podem evoluir para dar resposta a novos desafios relacionados com a propriedade dos dados, os direitos de propriedade intelectual e a utilização ética das tecnologias de IA.

14)		**Quais são as implicações das disparidades tecnológicas entre os produtores de cacau em grande e em pequena escala?**

a.		As disparidades tecnológicas podem exacerbar as desigualdades económicas, com os pequenos agricultores em risco de serem deixados para trás em termos de produtividade e práticas de sustentabilidade.

15)		**A integração de CNNs na monitorização das plantações de cacau pode contribuir para a sustentabilidade ambiental? Como?**

a.   Ao permitir a aplicação precisa de recursos, a deteção precoce de doenças e a otimização do rendimento, as CNN podem contribuir para práticas agrícolas mais sustentáveis.

16)   Que medidas podem garantir a utilização ética das CNN na agricultura?

a.   O desenvolvimento de diretrizes para uma IA ética, o envolvimento das partes interessadas na tomada de decisões e a monitorização contínua dos impactos da IA podem garantir uma utilização ética.

17)   Como é que a precisão das CNN na deteção de doenças das plantas afecta as estratégias de intervenção?

a.   Uma maior precisão permite intervenções atempadas e precisas, reduzindo a propagação de doenças e minimizando a utilização de pesticidas.

18)   Que desafios surgem da necessidade de recolha e processamento de dados em grande escala nas aplicações CNN?

a.   Os desafios incluem os custos de armazenamento de dados, os requisitos de potência de processamento e a garantia da qualidade e diversidade dos dados recolhidos.

19)   Como podem os criadores de tecnologia apoiar os pequenos agricultores no acesso às tecnologias CNN?

a.   Fornecendo soluções acessíveis e de fácil utilização, bem como programas de formação que capacitem os agricultores a utilizar estas tecnologias de forma eficaz.

20)   Que futuros avanços na tecnologia CNN poderão melhorar ainda mais a monitorização das plantações de cacau?

a.   As melhorias no processamento em tempo real, uma melhor integração com imagens de drones e de satélite e algoritmos mais sofisticados para prever o estado e o rendimento das culturas poderão melhorar a monitorização.

CAPÍTULO 5

O futuro da CNN nas plantações de cacau e mais além

O capítulo final analisa as inovações na conceção de redes neuronais e nas metodologias de formação que poderão aumentar a eficácia das CNN na agricultura. Discute a integração das CNNs com outras tecnologias, como a IoT e a blockchain, para recolha de dados, atuação e gestão segura da cadeia de abastecimento. O capítulo também contempla os desafios e oportunidades no horizonte, apresentando uma visão para a produção sustentável de cacau apoiada por tecnologias avançadas.

Tendências emergentes na monitorização de CNN e plantações

A aplicação de Redes Neuronais Convolucionais (CNN) na monitorização de plantações representa um campo vibrante de inovação, reflectindo as tendências mais amplas da inteligência artificial (IA) e da aprendizagem automática (ML) no sentido de sistemas de gestão ambiental e agrícola mais eficientes, precisos e em tempo real. As tendências emergentes em arquitecturas de CNN, metodologias de formação e a sua integração em sistemas de monitorização automatizados estão a alargar os limites do que é possível na agricultura de precisão. Estes avanços permitem uma deteção mais matizada de problemas de saúde das culturas, previsão de rendimento e factores de stress ambiental em tempo real. Eis uma análise de algumas das principais inovações e tendências neste espaço:

Inovações na conceção de redes neuronais e metodologias de treino

A rápida evolução das Redes Neuronais Convolucionais (CNN) através de inovações nas metodologias de conceção e formação marca uma fase de transformação na inteligência artificial, particularmente no sector agrícola. Desenvolvimentos revolucionários em arquitecturas de redes neuronais, como a EfficientNet e a Vision Transformers, estão a redefinir os limites da análise baseada em imagens. Estas arquitecturas avançadas optimizam a eficiência e a adaptabilidade computacional, permitindo uma interpretação mais matizada de imagens agrícolas complexas. Isto é crucial para a monitorização das plantações, onde a capacidade de discernir variações subtis no estado das plantas ou de detetar sinais precoces de doenças pode influenciar significativamente as decisões e os resultados da gestão das culturas (Mazzone & Elgammal, 2019).

A incorporação de mecanismos de atenção nas CNNs inspira-se no sistema de atenção visual humano, permitindo que estas redes se concentrem seletivamente em partes de uma imagem que sejam mais informativas para uma determinada tarefa. Esta capacidade é particularmente benéfica em contextos agrícolas, em que a identificação de sintomas localizados em plantas exige que o modelo dê prioridade a regiões específicas da imagem em detrimento de outras. Da mesma forma, o surgimento de redes de cápsulas introduz uma mudança de paradigma, oferecendo uma nova maneira de capturar hierarquias e relações espaciais dentro das imagens. Esta caraterística é promissora para melhorar a capacidade do modelo de reconhecer as plantas e as suas condições em várias fases de crescimento e ambientes, melhorando assim a precisão e a fiabilidade dos sistemas automatizados de monitorização das plantações (Gil de Zúñiga et al., 2023). As metodologias de formação, como a aprendizagem de poucos disparos e de disparos zero, abordam o desafio perene dos dados rotulados limitados na agricultura. Essas abordagens permitem que os modelos aprendam com exemplos mínimos ou até mesmo generalizem para condições nas quais não foram explicitamente treinados, oferecendo um caminho de implantação rápida para soluções de IA em resposta a ameaças agrícolas emergentes. A aprendizagem por transferência acelera ainda mais este processo, utilizando modelos pré-treinados de domínios relacionados para impulsionar o desenvolvimento de aplicações especializadas de monitorização agrícola. Esta estratégia diminui significativamente a barreira à entrada para a implementação da IA na agricultura, reduzindo a necessidade de extensos conjuntos de dados específicos do domínio.

Além disso, a geração de dados sintéticos, através de técnicas como as Redes Adversárias Generativas (GAN), oferece uma solução criativa para a escassez de dados de treino para questões agrícolas raras ou emergentes. Ao criar artificialmente imagens realistas das condições das plantas, os investigadores podem garantir que os modelos são expostos a uma gama mais vasta de cenários potenciais, melhorando o seu desempenho preditivo e a sua generalização. Por outro lado, o treino contraditório introduz um nível de robustez nas CNN, treinando-as para resistir a tentativas de enganar através de imagens enganadoras. Esta resiliência é fundamental para a implementação de sistemas de monitorização fiáveis, capazes de funcionar eficazmente nas condições diversas e imprevisíveis dos ambientes agrícolas. Estas inovações significam um salto em frente na aplicação de CNNs para a monitorização de plantações, colmatando a lacuna entre o potencial tecnológico e as necessidades agrícolas práticas. Ao tornar os modelos de IA mais eficientes, precisos e adaptáveis, estes avanços aumentam a capacidade de deteção e intervenção precoces na gestão das culturas e abrem caminho a práticas agrícolas sustentáveis que se podem adaptar aos desafios de um mundo em mudança. O aperfeiçoamento e a aplicação contínuos destas tecnologias de ponta prometem revolucionar a monitorização agrícola, conduzindo a sistemas agrícolas mais inteligentes e com maior capacidade de resposta, capazes de satisfazer a crescente procura global de alimentos, preservando simultaneamente a integridade ambiental.

A inovação contínua nas Redes Neuronais Convolucionais (CNN) e a sua aplicação na monitorização de plantações anunciam uma nova era de precisão e sustentabilidade nas práticas agrícolas. A integração de concepções sofisticadas de redes neuronais e de metodologias de formação avançadas não é apenas um objetivo académico, mas uma abordagem prática para enfrentar alguns dos desafios mais prementes da agricultura atual, incluindo a necessidade de uma utilização eficiente da água, a gestão de pragas e a monitorização da saúde das culturas (Y. Li et al., 2020). O advento dos mecanismos de atenção nas CNN, por exemplo, reflecte uma mudança mais ampla no sentido de sistemas mais inteligentes que possam discernir com precisão as necessidades e condições específicas das culturas. Este nível de pormenor facilita intervenções orientadas, reduzindo drasticamente o desperdício de recursos e assegurando uma utilização óptima de factores de produção como os fertilizantes e os pesticidas. Além disso, a capacidade destes sistemas para se adaptarem a várias condições ambientais e fases das culturas através de arquitecturas avançadas e redes de cápsulas marca um passo significativo no sentido de um tratamento personalizado das culturas a uma escala anteriormente inimaginável.

O papel das metodologias de formação inovadoras, como a aprendizagem de poucos disparos e de disparos zero, na superação do obstáculo da escassez de dados rotulados abre novas fronteiras para os sistemas de resposta rápida na agricultura. Estas metodologias permitem a rápida adaptação dos modelos às ameaças emergentes, garantindo que os agricultores possam reagir a pragas, doenças e factores de stress ambiental de forma rápida e precisa. Do mesmo modo, a geração de dados sintéticos e o treino contraditório para aumentar a robustez dos modelos e a precisão das previsões garantem que os sistemas de IA utilizados nos campos são fiáveis e resistentes às variações e à imprevisibilidade inerentes aos ecossistemas naturais. As implicações práticas destes avanços tecnológicos são profundas. Ao utilizar CNNs de ponta, os agricultores e gestores agrícolas podem agora aceder a dados e informações em tempo real sobre as suas culturas, tomando decisões informadas que equilibram a saúde das culturas com a sustentabilidade ambiental. Os sistemas de monitorização automatizados e em tempo real, alimentados por estas redes neuronais avançadas, estão preparados para se tornarem a espinha dorsal da agricultura de precisão moderna, permitindo um nível de monitorização e fidelidade de gestão que antes estava fora do alcance (Zhang et al., 2023).

Além disso, a democratização do acesso à tecnologia, facilitada por plataformas e serviços em nuvem, significa que estas inovações não estão apenas reservadas a explorações agrícolas comerciais de grande escala, mas estão cada vez mais disponíveis para pequenos agricultores e agricultores marginalizados em todo o mundo. Esta abordagem inclusiva aumenta a segurança alimentar global e capacita as comunidades locais, promovendo o desenvolvimento económico e a resistência às alterações climáticas e ao crescimento demográfico. A evolução contínua das CNNs e a sua aplicação na monitorização de plantações encapsula a convergência da tecnologia e da agricultura para um futuro mais sustentável e produtivo. À medida que essas inovações se desenvolvem, elas prometem transformar as práticas agrícolas, tornando-as mais alinhadas com a sustentabilidade, a eficiência e a precisão. A viagem que se avizinha está cheia de potencial, à medida que investigadores, tecnólogos e agricultores colaboram para aproveitar o poder da IA para desbloquear todo o potencial dos nossos sistemas agrícolas e garantir a segurança alimentar e a gestão ambiental para as gerações vindouras.

Sistemas de monitorização automatizados e em tempo real

Os sistemas de monitorização automatizados e em tempo real, apoiados por Redes Neuronais Convolucionais (CNN) avançadas e um conjunto de outras tecnologias de inteligência artificial (IA), estão na vanguarda da revolução da gestão e das práticas agrícolas. Estes sistemas, que integram uma rede de sensores sofisticados e dispositivos da Internet das Coisas (IoT) implantados nos campos agrícolas, oferecem capacidades de recolha e análise de dados sem precedentes. Podem monitorizar a humidade do solo, as condições atmosféricas e a saúde das culturas em tempo real, fornecendo informações críticas anteriormente impossíveis de obter com os métodos agrícolas tradicionais. A incorporação da computação periférica permite o processamento imediato de dados diretamente no local, possibilitando acções de resposta rápida, como o ajuste dos sistemas de irrigação ou a identificação de surtos de pragas, minimizando assim os potenciais danos nas culturas. A sinergia entre a computação periférica e a computação em nuvem nestes sistemas assegura o processamento instantâneo de dados e o armazenamento e gestão eficientes em plataformas de nuvem escaláveis (Rahman et al., 2018; Zhang et al., 2023). Esta abordagem dupla facilita a análise abrangente dos dados temporais, permitindo aos agricultores acompanhar as mudanças, prever tendências futuras e tomar decisões informadas que optimizem a utilização dos recursos e aumentem o rendimento das culturas. No centro destes sistemas estão modelos sofisticados de IA e de aprendizagem automática, nomeadamente CNNs, treinados para interpretar conjuntos de dados complexos. Estes modelos podem detetar sinais precoces de doenças das plantas, deficiências de nutrientes e stress hídrico, fornecendo informações acionáveis que podem melhorar significativamente a gestão e a saúde das culturas.

As vantagens da implementação de sistemas de monitorização automatizados e em tempo real na agricultura são múltiplas. Conduzem a uma gestão mais precisa e eficiente dos recursos, reduzindo o desperdício e o impacto ambiental. Ao permitir a deteção precoce de potenciais problemas, estes sistemas possibilitam intervenções direcionadas, melhorando assim a saúde e o rendimento das culturas e reduzindo a dependência de insumos químicos. Além disso, a automatização das tarefas de monitorização de rotina liberta recursos de mão de obra, permitindo que estes sejam redirecionados para atividades mais estratégicas (Nazir et al., 2019). Esta mudança não só melhora a eficiência operacional, como também contribui para a sustentabilidade global das práticas agrícolas. No entanto, a adoção destes sistemas de ponta não está isenta de desafios. Os custos iniciais de instalação, a necessidade de apoio técnico contínuo para gerir e interpretar as vastas quantidades de dados gerados e as preocupações com a privacidade e a segurança dos dados constituem obstáculos significativos. Além disso, a garantia de que os modelos de IA se podem adaptar com precisão à grande variabilidade dos ambientes agrícolas continua a ser uma área de investigação e desenvolvimento em curso.

Olhando para o futuro, espera-se que os avanços na tecnologia de sensores, a precisão dos modelos de IA e as plataformas de software de fácil utilização aumentem ainda mais as capacidades dos sistemas de monitorização automatizados. Os esforços para tornar estes sistemas mais económicos e acessíveis aos agricultores de pequena escala e com recursos limitados são cruciais para democratizar os benefícios da agricultura de precisão. À medida que estas tecnologias evoluem, prometem desempenhar um papel fundamental na resposta aos desafios globais da segurança alimentar e da sustentabilidade, transformando as práticas agrícolas para que sejam mais eficientes, resistentes e respeitadoras do ambiente. O caminho para sistemas de monitorização totalmente integrados, automatizados e em tempo real na agricultura é um testemunho do potencial das tecnologias de IA e IoT para remodelar a nossa abordagem à produção alimentar, garantindo que esta satisfaz as exigências de uma população global em crescimento, preservando simultaneamente o planeta para as gerações futuras (D. Li et al., 2020). Este percurso transformador no sentido da integração de sistemas de monitorização automatizados e em tempo real na agricultura não se resume ao avanço tecnológico, mas representa também uma mudança de paradigma na forma como abordamos a agricultura e a produção alimentar à escala global. À medida que estes sistemas se tornam mais integrados nas práticas agrícolas, abrem caminho a uma nova era de agricultura inteligente, baseada em dados, precisa e sustentável. A convergência da IA, em particular das CNN, dos dispositivos IoT e da computação em nuvem, cria um quadro robusto para compreender e responder à dinâmica complexa do cultivo de culturas e da gestão ambiental.

O potencial destas tecnologias para contribuir para uma agricultura sustentável é imenso. Ao fornecer informações detalhadas e em tempo real sobre a saúde das culturas e as condições ambientais, os sistemas de monitorização automatizados permitem aos agricultores adotar práticas que conservam a água, optimizam a utilização de fertilizantes e pesticidas e reduzem a pegada de carbono global das operações agrícolas. Esta mudança para a agricultura de precisão aumenta a eficiência e a produtividade das explorações agrícolas e alinha-se com objectivos ambientais mais amplos, como a conservação da biodiversidade e a preservação da saúde do solo. Além disso, a democratização da tecnologia - tornando os sistemas avançados de monitorização acessíveis e económicos para os agricultores de todo o espetro, desde as grandes empresas agro-industriais até às pequenas explorações agrícolas nos países em desenvolvimento - é fundamental para garantir que os benefícios da agricultura inteligente sejam universalmente alcançados. Os esforços para diminuir as barreiras à entrada através da redução de custos, interfaces de utilizador simplificadas e serviços de apoio localizados são essenciais para capacitar os agricultores de todo o mundo com as ferramentas de que necessitam para prosperar num cenário agrícola cada vez mais competitivo e desafiante (da Silva et al., 2021).

As implicações éticas da recolha de dados e da privacidade também se tornam evidentes à medida que estes sistemas ganham prevalência. É fundamental garantir que os agricultores mantenham o controlo sobre os seus dados e que a informação recolhida seja utilizada para respeitar a privacidade e promover o bem público. As políticas e os quadros que regem a utilização, a partilha e a propriedade dos dados devem evoluir a par dos desenvolvimentos tecnológicos para proteger os interesses de todas as partes envolvidas. Ao olharmos para o futuro, o papel da colaboração interdisciplinar no avanço dos sistemas de monitorização automatizados e em tempo real torna-se cada vez mais evidente. As parcerias entre tecnólogos, agrónomos, cientistas ambientais e a comunidade agrícola são essenciais para a conceção de sistemas que não só sejam tecnologicamente avançados mas também estejam em sintonia com as realidades práticas da agricultura e da gestão ambiental (Suthakaran & Premaratne, n.d.). Estas colaborações podem impulsionar a inovação que é simultaneamente impactante e sustentável, assegurando que os avanços tecnológicos servem as necessidades do planeta e dos seus habitantes. A evolução contínua dos sistemas de monitorização automatizados e em tempo real na agricultura é um testemunho do poder da tecnologia para transformar as indústrias e enfrentar os desafios globais. À medida que estes sistemas se tornam mais sofisticados e amplamente adoptados, prometem dar início a uma nova era de agricultura eficiente, sustentável e equitativa. O caminho a percorrer está repleto de desafios, desde obstáculos técnicos a considerações éticas, mas as potenciais recompensas para a segurança alimentar, a conservação ambiental e o desenvolvimento económico são inigualáveis. Abraçar este futuro exige inovação tecnológica e um compromisso com a inclusão, a sustentabilidade e a colaboração entre disciplinas e fronteiras.

Integração com outras tecnologias

A integração das Redes Neuronais Convolucionais (CNN) com outras tecnologias de ponta, como a Internet das Coisas (IoT) e a blockchain, está a criar sinergias poderosas que transformam a agricultura e a gestão da cadeia de abastecimento. Estas integrações melhoram a recolha de dados, a análise e a execução de acções no âmbito das operações agrícolas, proporcionando simultaneamente uma transparência, segurança e eficiência sem precedentes na gestão da cadeia de abastecimento.

Sinergia com a IoT para recolha de dados e acionamento

A combinação de CNNs e dispositivos IoT na agricultura promove uma abordagem altamente eficiente e baseada em dados para a gestão agrícola. Os sensores IoT instalados nos campos agrícolas recolhem uma vasta gama de dados, incluindo níveis de humidade do solo, temperatura, humidade e imagens das culturas. Estes dados são depois analisados em tempo real por CNNs, que podem identificar padrões indicativos da saúde das plantas, doenças ou infestação de pragas. A análise imediata permite a atuação automatizada dos sistemas em resposta às informações obtidas. Por exemplo, os sistemas de irrigação podem ser ajustados automaticamente para fornecer a quantidade ideal de água a diferentes partes de um campo, ou podem ser utilizados drones automatizados para identificar áreas com surtos de pragas (Miracle, 2024). Esta integração permite uma precisão na afetação de recursos e na gestão de pragas que era anteriormente inatingível, levando a um aumento do rendimento das culturas, à redução do desperdício de recursos e à minimização do impacto ambiental. Além disso, o fluxo de dados em tempo real dos dispositivos IoT para as CNNs e de volta para os sistemas de atuação exemplifica um sistema de ciclo fechado onde a monitorização contínua e os ajustes automatizados se tornam possíveis, tornando a agricultura mais adaptável e resiliente.

A integração de CNNs com dispositivos IoT na agricultura forma uma poderosa combinação de recolha de dados e atuação automatizada. Os dispositivos IoT, desde sensores de humidade do solo a drones equipados com câmaras de alta resolução, recolhem grandes quantidades de dados do campo. Quando analisados por CNNs, estes dados podem revelar informações sobre a saúde das culturas, as condições do solo e os factores ambientais. A precisão das CNNs na interpretação de dados visuais e de sensores complexos permite a identificação de problemas específicos, como infestações de pragas, deficiências de nutrientes ou stress hídrico, com elevada precisão. Para além da análise, o verdadeiro poder da integração das CNN com a IoT reside na atuação em tempo real com base nestas informações (Atianashie, 2023a; Yu et al., 2021). Por exemplo, os sistemas de irrigação automatizados podem ajustar o fornecimento de água a diferentes partes de um campo com base na análise CNN dos dados de humidade do solo recolhidos por sensores IoT. Do mesmo modo, os drones podem visar áreas específicas para o controlo de pragas, minimizando a utilização de produtos químicos e maximizando a eficácia. Esta sinergia optimiza a utilização de recursos e apoia práticas agrícolas sustentáveis, reduzindo o desperdício e o impacto ambiental.

Blockchain para uma gestão segura e transparente da cadeia de abastecimento

Quando integrada com CNNs e IoT, a tecnologia blockchain oferece uma solução robusta para a gestão segura e transparente da cadeia de suprimentos. Na agricultura, a cadeia de blocos pode ser utilizada para criar um registo inviolável de transacções e interações, desde o ponto de cultivo até ao consumidor final. Quando os dispositivos IoT recolhem dados sobre a saúde das culturas, os tempos de colheita e as condições de armazenamento, as CNN podem analisar esses dados para garantir a qualidade e o cumprimento das normas de segurança. Esta informação, juntamente com os dados sobre a circulação de mercadorias, pode então ser registada numa cadeia de blocos, fornecendo um registo transparente e imutável acessível a todos os participantes na cadeia de abastecimento. Esta integração oferece vários benefícios importantes. Para os consumidores, dá garantias sobre a qualidade e a segurança da origem dos produtos agrícolas, respondendo às crescentes exigências de transparência na produção alimentar (Atianashie, 2023a). Para os agricultores e produtores, a cadeia de blocos pode simplificar a certificação de produtos biológicos ou cultivados de forma sustentável, abrindo potencialmente novos mercados e oportunidades de preços mais elevados. Além disso, a natureza segura da tecnologia de cadeia de blocos pode reduzir a fraude e a adulteração, garantindo que todas as partes sejam justamente compensadas pelas suas contribuições.

A integração das CNN com a tecnologia de cadeias de blocos oferece um potencial transformador para a gestão da cadeia de abastecimento agrícola. A cadeia de blocos fornece um livro-razão seguro e imutável para registar transacções que, quando combinado com o poder analítico das CNN, pode aumentar significativamente a rastreabilidade e a transparência na cadeia de abastecimento. Por exemplo, as CNN podem analisar imagens ou dados de sensores para verificar a qualidade e a autenticidade dos produtos agrícolas no momento da colheita (Atianashie, 2023b; Yu et al., 2021). Esta informação pode então ser registada numa cadeia de blocos, fornecendo um registo inalterável do percurso do produto desde a exploração agrícola até ao consumidor. Esta integração oferece inúmeros benefícios, incluindo a verificação da proveniência dos produtos, a garantia de conformidade com as certificações orgânicas ou de sustentabilidade e a prevenção de fraudes. Os consumidores têm acesso a informações detalhadas sobre a origem e o manuseamento dos seus alimentos, aumentando a confiança nos produtos agrícolas.

Entretanto, os agricultores podem potencialmente aceder a novos mercados e a preços premium, fornecendo dados verificáveis sobre as suas práticas agrícolas sustentáveis. Além disso, os contratos inteligentes auto-executáveis com os termos do acordo diretamente escritos no código podem automatizar pagamentos e transferências com base em critérios predefinidos verificados por CNNs. Por exemplo, um contrato inteligente pode libertar automaticamente o pagamento a um agricultor assim que uma CNN confirme que a colheita cumpre as normas de qualidade especificadas.

Desafios e oportunidades

Embora a integração de CNNs com IoT e blockchain apresente oportunidades significativas para transformar a agricultura e a gestão da cadeia de suprimentos, os desafios devem ser abordados. Estes incluem a necessidade de um investimento substancial em infra-estruturas tecnológicas, o desenvolvimento de normas para a recolha e partilha de dados e preocupações em torno da privacidade e segurança dos dados. Além disso, há necessidade de formação de competências e de reforço de capacidades para permitir que as partes interessadas em toda a cadeia de abastecimento agrícola utilizem estas tecnologias de forma eficaz. Apesar destes desafios, os potenciais benefícios destas integrações em termos de maior eficiência, sustentabilidade e transparência estão a impulsionar uma rápida inovação e adoção. À medida que estas tecnologias continuam a evoluir e a amadurecer, espera-se que a sua utilização combinada na agricultura e na gestão da cadeia de abastecimento aumente, oferecendo novas soluções para alguns dos desafios mais prementes do mundo na produção e distribuição de alimentos.

Visão para a produção sustentável de cacau

A visão de uma produção sustentável de cacau está intrinsecamente ligada à integração de tecnologias avançadas, incluindo modelos preditivos e plataformas inovadoras, para melhorar a adaptação ao clima, garantir o comércio justo e promover práticas éticas de abastecimento. Como as alterações climáticas colocam desafios crescentes à produção de cacau, com impactos que vão desde a alteração dos padrões de precipitação até ao aumento da incidência de pragas e doenças, a tecnologia torna-se fundamental. Além disso, garantir que os produtores de cacau recebam uma compensação justa e trabalhem em condições éticas é igualmente importante para a sustentabilidade da indústria do cacau. Eis como a tecnologia pode ajudar a atingir estes objectivos:

Modelos Preditivos para Adaptação Climática na Produção de Cacau

Os modelos preditivos para a adaptação climática na produção de cacau representam uma intersecção crítica entre as ciências agrícolas, as ciências climáticas e a análise de dados. À medida que as alterações climáticas afectam cada vez mais a produção global de cacau, com desafios como a alteração dos padrões de precipitação, as flutuações de temperatura e o aumento da vulnerabilidade a pragas e doenças, o desenvolvimento e a implementação de modelos preditivos tornam-se essenciais para manter e aumentar a produção de cacau. Estes modelos podem orientar os agricultores, investigadores e decisores políticos na tomada de decisões informadas que reforcem a resistência das culturas de cacau à variabilidade e às alterações climáticas. Segue-se uma visão geral da forma como os modelos preditivos estão a ser utilizados e dos benefícios que oferecem:

Variedades de culturas resistentes ao clima

Os modelos preditivos são fundamentais para identificar e desenvolver variedades de cacau que sejam mais resistentes às condições climáticas previstas. Os investigadores podem identificar caraterísticas associadas à tolerância à seca, à resiliência à temperatura ou à resistência a pragas e doenças específicas, analisando dados genéticos juntamente com modelos climáticos. Os algoritmos de aprendizagem automática podem analisar vastos conjuntos de dados para prever quais as configurações genéticas que irão provavelmente prosperar em cenários climáticos futuros, orientando os programas de melhoramento para o desenvolvimento de variedades de cacau robustas (Miracle, 2024).

Práticas agrícolas optimizadas

Os modelos orientados por dados podem analisar dados climáticos históricos, condições do solo e desempenho das culturas para recomendar os melhores tempos de plantação, calendários de irrigação e estratégias de rotação de culturas que se alinham com as condições climáticas projectadas. Estes conhecimentos permitem aos agricultores adaptar as suas práticas de forma proactiva, minimizando o risco de fracasso das culturas e optimizando a utilização de recursos para a sustentabilidade.

Previsão de pragas e doenças

As alterações climáticas alteram a dinâmica das pragas e doenças, colocando novas ameaças à produção de cacau. Os modelos de previsão que incorporam dados climáticos, variáveis da paisagem e padrões históricos de incidência de pragas podem prever potenciais surtos. Os sistemas de alerta precoce baseados nestes modelos podem alertar os agricultores e as comunidades para tomarem medidas preventivas ou aplicarem intervenções específicas, reduzindo a dependência de pesticidas de largo espetro e mitigando as perdas de colheitas.

Gestão dos recursos hídricos

À medida que a escassez de água se torna mais premente em muitas regiões produtoras de cacau, os modelos de previsão são cruciais para uma gestão eficiente da água. Estes modelos podem prever os padrões de precipitação e as taxas de evapotranspiração, permitindo a implementação de sistemas de irrigação de precisão que fornecem água exatamente quando e onde é necessária, melhorando a eficiência da utilização da água e apoiando a saúde das culturas durante as fases críticas de crescimento.

Previsão económica e avaliação de riscos

Para além dos factores agronómicos, os modelos de previsão influenciam a previsão económica e a avaliação de riscos na produção de cacau. Ao analisar as projecções climáticas juntamente com as tendências do mercado, estes modelos podem ajudar as partes interessadas a antecipar as mudanças na dinâmica da oferta e da procura de cacau, avaliar os riscos relacionados com os impactos climáticos e planear a resiliência económica. Isto é particularmente importante para os pequenos agricultores, que são frequentemente os mais vulneráveis às flutuações económicas induzidas pelo clima.

Desafios e oportunidades

O desenvolvimento e a aplicação de modelos preditivos para a adaptação climática em produtos de cacau enfrentam vários desafios, incluindo a disponibilidade de dados, a precisão do modelo e a calibração local. No entanto, os avanços na deteção remota, nas tecnologias IoT e nos algoritmos de aprendizagem automática melhoram continuamente a capacidade de gerar informações precisas e acionáveis. Para que os modelos preditivos contribuam efetivamente para as estratégias de adaptação ao clima, devem ser integrados em sistemas de apoio agrícola mais amplos, incluindo o acesso a variedades de culturas resistentes ao clima, a formação em práticas agrícolas adaptativas e instrumentos financeiros que atenuem os riscos. A colaboração entre os governos, as instituições de investigação, a indústria do cacau e as comunidades agrícolas é essencial para tirar partido destes modelos para uma produção sustentável de cacau.

O papel da tecnologia no apoio ao comércio justo e ao abastecimento ético

O papel da tecnologia no apoio ao comércio justo e ao abastecimento ético na agricultura, incluindo a produção de cacau, é cada vez mais significativo. À medida que os consumidores se tornam mais conscientes das origens dos seus alimentos e das condições em que são produzidos, há uma procura crescente de transparência e sustentabilidade nas cadeias de abastecimento. A tecnologia é fundamental para satisfazer estas exigências, em particular os avanços na cadeia de blocos, IoT (Internet das Coisas), IA (Inteligência Artificial) e plataformas móveis. Eis como a tecnologia está a remodelar o comércio justo e as práticas de abastecimento ético:

Cadeia de blocos para a transparência e a rastreabilidade

A tecnologia Blockchain está na vanguarda da revolução da transparência da cadeia de fornecimento. Ao fornecer um livro-razão seguro e imutável para registar transacções, a tecnologia de cadeia de blocos garante que todas as fases da cadeia de abastecimento, desde o produtor de cacau até ao consumidor final, são rastreáveis e transparentes. Esta rastreabilidade permite que os consumidores verifiquem as credenciais éticas e de comércio justo das suas compras, garantindo que os agricultores recebem uma compensação justa pelos seus produtos. Além disso, a cadeia de blocos pode automatizar os pagamentos aos agricultores através de contratos inteligentes, proporcionando uma compensação atempada e justa.

Dispositivos IoT para monitorização em tempo real

Os dispositivos IoT, como sensores e localizadores GPS, podem monitorizar as condições e o tratamento das culturas em tempo real, garantindo que as práticas agrícolas cumprem normas éticas e sustentáveis. Por exemplo, os sensores IoT podem verificar se as plantas de cacau são cultivadas sem químicos não autorizados e em condições ambientalmente sustentáveis. Esta recolha de dados em tempo real suporta certificações para rótulos orgânicos ou de comércio justo, assegurando aos consumidores e retalhistas o fornecimento ético dos seus produtos.

IA e aprendizagem automática para a análise preditiva

Os algoritmos de IA e de aprendizagem automática analisam grandes quantidades de dados para otimizar as operações da cadeia de abastecimento, prever a procura e assegurar uma distribuição eficiente, reduzindo o desperdício e melhorando a sustentabilidade. Estas tecnologias podem também identificar padrões que sugerem práticas pouco éticas, tais como aumentos súbitos de produtividade que podem indicar exploração laboral. Ao prever e mitigar as perturbações na cadeia de abastecimento, a IA garante que os produtores éticos possam manter o acesso ao mercado, apoiando os seus meios de subsistência e práticas sustentáveis.

Plataformas móveis para a capacitação dos agricultores

A tecnologia móvel é crucial para capacitar os agricultores, proporcionando-lhes acesso a informações, mercados e serviços financeiros. As plataformas móveis podem oferecer aos agricultores informações em tempo real sobre preços de mercado justos, previsões meteorológicas e práticas agrícolas sustentáveis. Também facilitam os serviços bancários e os pagamentos móveis, o que é particularmente benéfico para os agricultores remotos. Esta capacitação ajuda a nivelar as condições de concorrência para os pequenos agricultores, garantindo-lhes uma participação justa no mercado global.

Drones para monitorização e certificação de culturas

Os drones com câmaras e sensores de alta resolução podem monitorizar a partir de cima a saúde das culturas, a utilização dos solos e a adesão a práticas agrícolas sustentáveis. Estes dados aéreos podem ser utilizados para apoiar certificações de comércio justo e de fornecimento ético, verificando se os produtos são produzidos de acordo com estas normas. Os drones também podem mapear e monitorizar a utilização dos solos, garantindo que as áreas protegidas não estão a ser exploradas e que as práticas agrícolas são sustentáveis.

Acesso à tecnologia

É crucial garantir que os pequenos agricultores, que estão frequentemente na vanguarda das iniciativas de abastecimento ético, tenham acesso a estas tecnologias. Isto implica tornar a tecnologia acessível e fornecer a formação e o apoio necessários para que estes agricultores possam utilizar as ferramentas digitais de forma eficaz. As iniciativas de ONGs, governos e parcerias do sector privado são fundamentais a este respeito, com o objetivo de democratizar o acesso à tecnologia e garantir que os seus benefícios são amplamente partilhados.

Privacidade dos dados e utilização ética da informação

À medida que os dados se tornam uma componente central das estratégias de abastecimento ético, as preocupações em torno da privacidade e da utilização ética da informação vêm ao de cima. É essencial garantir que os agricultores mantenham a propriedade e o controlo sobre os seus dados e que estes sejam utilizados de forma a beneficiá-los diretamente. São necessárias políticas e enquadramentos que dêem prioridade à privacidade dos dados e à utilização ética para criar confiança e incentivar a adoção generalizada destas tecnologias.

Normalização e cooperação global

A natureza global das cadeias de abastecimento agrícola exige padronização e cooperação além-fronteiras para garantir que as tecnologias possam interoperar sem problemas. Isso inclui a padronização de formatos de dados, protocolos para transações de blockchain e critérios para o que constitui comércio justo e fornecimento ético. A cooperação internacional é vital para criar um ecossistema global onde as tecnologias podem ser aproveitadas para apoiar práticas de comércio justo universalmente.

Potenciar o envolvimento dos consumidores

Tecnologias como a cadeia de blocos e as plataformas móveis facilitam as práticas de abastecimento ético e abrem novas vias para a participação dos consumidores. Ao fornecer aos consumidores informações pormenorizadas sobre o seu percurso alimentar desde a exploração agrícola até à mesa, estas tecnologias podem promover uma ligação mais profunda e um sentido de responsabilidade para com os produtores. Esta maior sensibilização dos consumidores e a procura de produtos de origem ética podem, por sua vez, levar mais empresas a adotar práticas de comércio justo.

Desafios e considerações

Embora a tecnologia ofereça um potencial transformador para apoiar o comércio justo e o abastecimento ético, continuam a existir desafios. Estes incluem a garantia de um acesso equitativo à tecnologia para todos os agricultores, a proteção da privacidade dos dados e a gestão dos custos de implementação de tecnologias avançadas. Além disso, é necessária a normalização e a interoperabilidade entre diferentes sistemas tecnológicos para garantir uma integração perfeita em toda a cadeia de abastecimento global. A tecnologia é um fator essencial para o comércio justo e as práticas de abastecimento ético na agricultura. Ao aumentar a transparência, a rastreabilidade e a eficiência das cadeias de abastecimento, a tecnologia permite que os consumidores, os retalhistas e os produtores façam escolhas informadas que apoiem uma produção sustentável e ética. À medida que estas soluções tecnológicas continuam a evoluir e a ganhar escala, o seu papel na promoção do comércio justo e do aprovisionamento ético deverá tornar-se ainda mais crucial, impulsionando uma mudança positiva nas práticas agrícolas globais.

Perguntas e respostas

1) **Qual é o principal objetivo do capítulo 5 do documento?**

a.   O capítulo centra-se em inovações futuras na conceção de redes neuronais e em metodologias de treino para aumentar a eficácia das redes neuronais convolucionais (CNN) na agricultura, em particular na monitorização de plantações de cacau.

2)   **Como é que as CNN podem ser integradas noutras tecnologias para a agricultura?**

a.   As CNNs podem ser integradas com tecnologias IoT e blockchain para melhorar a recolha de dados, a atuação e a gestão segura da cadeia de abastecimento.

3)   **Quais são algumas das tendências emergentes na CNN e na monitorização das plantações?**

a.   As tendências incluem inovações na conceção de redes neuronais, metodologias de formação e a sua integração em sistemas de monitorização automatizados para uma maior precisão na agricultura.

4)   **Como é que as inovações na conceção de redes neuronais podem beneficiar a monitorização das plantações?**

a.   Optimizam a eficiência computacional e a adaptabilidade, permitindo uma interpretação diferenciada de imagens agrícolas complexas, o que é crucial para a deteção de sinais de saúde ou doença das plantas.

5)   **Que papel desempenham os mecanismos de atenção das CNN na agricultura?**

a.   Permitem que as CNNs se concentrem seletivamente em partes informativas de uma imagem, o que é benéfico para a identificação de sintomas localizados em plantas.

6)   **O que são as redes de cápsulas e porque é que são importantes para as CNN na agricultura?**

a.   As redes de cápsulas captam hierarquias espaciais nas imagens, aumentando a capacidade do modelo para reconhecer plantas e condições em várias fases e melhorando a precisão dos sistemas de monitorização automatizados.

7)   **Como é que as metodologias de aprendizagem de poucos disparos e de disparos zero abordam o desafio dos dados rotulados limitados na agricultura?**

a.   Permitem que os modelos aprendam a partir de exemplos mínimos ou generalizem para condições em que não foram explicitamente treinados, oferecendo uma rápida implementação de soluções de IA na agricultura.

8)   **Qual é a importância da aprendizagem por transferência na aplicação da IA na agricultura?**

a.	Utiliza modelos pré-treinados de domínios relacionados para iniciar o desenvolvimento de aplicações de monitorização agrícola, reduzindo a necessidade de extensos conjuntos de dados específicos do domínio.

**9)	Como é que a geração de dados sintéticos beneficia a formação em CNN para a agricultura?**

a.	Cria imagens realistas das condições das instalações, assegurando que os modelos são expostos a vários cenários e melhorando o desempenho preditivo e a generalização.

**10)	O que é o treino contraditório e como é que melhora a robustez da CNN?**

a.	Treina as CNNs para resistir a imagens enganadoras, aumentando a resiliência dos sistemas de monitorização que operam em diversos ambientes agrícolas.

**11)	Que avanços futuros se prevê que venham a melhorar os sistemas de monitorização automatizada em tempo real na agricultura?**

a.	Espera-se que os avanços na tecnologia dos sensores, a precisão dos modelos de IA e as plataformas de software de fácil utilização melhorem ainda mais as capacidades destes sistemas.

**12)	Como é que os sistemas automatizados de monitorização em tempo real beneficiam a agricultura?**

a.	Permitem uma gestão precisa e eficiente dos recursos, a deteção precoce de problemas e a automatização de tarefas de rotina, melhorando a saúde e o rendimento das culturas.

**13)	Que desafios enfrentam os sistemas de monitorização automatizados na agricultura?**

a.	Os desafios incluem os elevados custos de configuração inicial, a necessidade de apoio técnico, as preocupações com a privacidade dos dados e a garantia da exatidão do modelo em ambientes variáveis.

**14)	Qual é o papel da IoT na melhoria do desempenho das CNN na agricultura?**

a.	Os dispositivos IoT recolhem grandes quantidades de dados analisados pela CNN para identificar problemas de saúde, doenças ou pragas, permitindo uma atribuição precisa de recursos e a gestão de pragas.

**15)	Como é que a tecnologia de cadeia de blocos contribui para a gestão da cadeia de abastecimento na agricultura?**

a.	Cria um registo seguro e transparente das transacções, assegurando a qualidade e a conformidade e dando aos consumidores garantias sobre a origem e a segurança dos produtos.

16)	**Quais são os principais benefícios da integração de CNNs com blockchain na cadeia de abastecimento agrícola?**

a.	As vantagens incluem uma maior rastreabilidade, transparência, qualidade do produto e verificação da autenticidade, bem como a capacidade de automatizar pagamentos e certificações.

17)	**Quais são os principais desafios na integração de CNNs com IoT e blockchain para a agricultura?**

a.	Os desafios incluem necessidades de investimento significativas, o desenvolvimento de normas de recolha e partilha de dados e a resolução de problemas de privacidade e segurança.

18)	**Como é que os modelos preditivos podem contribuir para uma produção sustentável de cacau?**

a.	Orientam o desenvolvimento de variedades de culturas resistentes ao clima, a otimização das práticas agrícolas, a previsão de surtos de pragas/doenças e a gestão eficiente dos recursos hídricos.

19)	**Como é que a tecnologia apoia o comércio justo e o abastecimento ético na produção de cacau?**

a.	As plataformas Blockchain, IoT, IA e móveis melhoram a transparência, a rastreabilidade e a eficiência da cadeia de abastecimento, apoiando práticas de produção éticas.

20)	**Que visões de futuro apresenta o capítulo para a produção sustentável de cacau utilizando CNNs e outras tecnologias?**

a.	Prevê um quadro de produção de cacau sustentável apoiado por tecnologias avançadas, centrado na adaptação às alterações climáticas, no comércio justo e no abastecimento ético para garantir a sustentabilidade económica e ambiental.

Conclusão

Na paisagem em desenvolvimento da tecnologia agrícola, a integração de Redes Neurais Convolucionais (CNN) na monitorização das plantações de cacau surge como um farol de inovação, prometendo redefinir as práticas agrícolas tradicionais e enfrentar desafios de longa data. Esta conclusão aprofunda os benefícios multifacetados e as complexidades introduzidas pela CNN, pintando um quadro abrangente do seu potencial transformador na eficiência, sustentabilidade e resiliência da produção de cacau. Ao reflectirmos sobre a expedição através dos meandros das aplicações da CNN, desde a deteção de doenças e gestão de pragas até à previsão do rendimento das culturas, a narrativa sublinha o papel fundamental da agricultura de precisão na melhoria dos processos de tomada de decisão e da eficiência operacional. Ao aproveitar o poder da CNN, as partes interessadas estão equipadas com as ferramentas necessárias para abordar preventivamente os problemas de saúde, otimizar a atribuição de recursos e melhorar significativamente a qualidade e o rendimento das culturas, garantindo a sustentabilidade económica e a segurança alimentar. No entanto, o caminho para a plena realização do potencial da CNN não tem desafios. Considerações éticas, preocupações com a privacidade dos dados e o fosso digital colocam obstáculos significativos. À medida que avançamos, é necessário manter uma abordagem equilibrada, que defenda a inovação tecnológica e, ao mesmo tempo, garanta um acesso ético e equitativo e a proteção do ambiente. A conclusão sublinha a necessidade de um ecossistema de colaboração que envolva investigadores, agricultores, tecnólogos e decisores políticos. Juntos, devem forjar parcerias que facilitem o intercâmbio de conhecimentos, desenvolvam tecnologias inclusivas e criem quadros regulamentares que fomentem o crescimento das aplicações das CNN na agricultura. Este discurso envolvente não só sintetiza as profundas implicações da tecnologia CNN na monitorização das plantações de cacau, como também serve de alerta para a comunidade global. Convida-nos a imaginar um futuro em que a tecnologia e a tradição convergem, promovendo um renascimento agrícola que beneficia todas as partes interessadas, especialmente as que estão na base. No momento em que nos encontramos no precipício desta nova era, a promessa da CNN na agricultura oferece uma ferramenta de transformação e um caminho para um mundo mais sustentável, equitativo e próspero para as gerações vindouras.

Glossário

1.   **Redes neurais convolucionais (CNNs)**: Uma classe de redes neurais profundas mais comummente aplicada à análise de imagens visuais.

2.   **Aquisição de imagens**: O processo de captura de imagens para análise é crucial na agricultura para monitorizar a saúde das culturas e as condições ambientais.

3.   **Etapas de pré-processamento**: O processamento inicial das imagens, incluindo a normalização e o aumento, para as tornar adequadas à análise CNN.

4.   **Anotação e rotulagem**: Identificar e marcar imagens com informações relevantes, como o estado de saúde das plantas, para treinar CNNs.

5.   **Processamento de lotes e sequenciação de imagens**: A organização de imagens em lotes para um processamento eficiente é crucial para lidar com dados de séries temporais ou grandes conjuntos de dados.

6.   **Calibração de vários sensores: Ajustar** os dados de vários sensores para garantir a consistência e a fiabilidade da informação.

7.   **Seleção de bandas espectrais**: Seleção de bandas espectrais específicas para análise, de modo a melhorar as capacidades de deteção da CNN, particularmente em imagens multiespectrais e hiperespectrais.

8.   **Engenharia e extração de caraterísticas**: Transformar os dados em bruto num formato mais adequado para o treino de modelos, realçando a informação relevante para análise.

9.   **Integração de dados temporais**: A incorporação de dados temporais no modelo para captar as alterações ao longo do tempo é essencial para compreender o desenvolvimento das culturas e os impactos ambientais.

10.   **Aumento de dados para eventos raros**: Geração de dados sintéticos para representar eventos raros mas significativos, melhorando a capacidade da CNN para reconhecer e responder a essas ocorrências.

11.   **Integração com dados que não são de imagem**: Combinação de dados de imagem com outros tipos de dados, como dados meteorológicos e medições do solo, para uma análise holística.

12.   **Garantir a privacidade e a segurança dos dados**: A proteção de dados agrícolas sensíveis é especialmente importante quando se utilizam drones ou dados obtidos por crowdsourcing.

13. **Processamento e armazenamento baseados na nuvem**: Utilização de recursos da nuvem para um tratamento de dados escalável e eficiente.

14. **Controlo de qualidade e validação**: Garantir a exatidão e a fiabilidade dos dados antes de serem utilizados para formação ou análise.

15. **Adaptação à variabilidade das práticas agrícolas**: Personalização de modelos para ter em conta as diversas condições e práticas na agricultura.

16. **Refinamento iterativo e ciclos de feedback**: Melhorar continuamente a precisão do modelo através de feedback e ajustes.

17. **Desistência**: Uma técnica de regularização para evitar o sobreajuste, omitindo aleatoriamente subconjuntos de caraterísticas durante o treino.

18. **Aprendizagem por transferência e afinação**: Utilização de modelos prétreinados em novas tarefas, ajustando e retreinando camadas.

19. **Inovações arquitectónicas**: Desenvolvimentos na conceção de CNN, como os modelos ResNet e Inception, que melhoram o desempenho.

20. **Pesquisa de Arquitetura Neural (NAS)**: Uma abordagem para encontrar automaticamente arquitecturas de rede óptimas, equilibrando a eficiência e a precisão.

21. **Computação e armazenamento em nuvem**: Utilização de recursos da nuvem para o tratamento e análise de dados escaláveis e eficientes na agricultura.

22. **Controlo de qualidade e validação**: Técnicas para garantir a exatidão e a fiabilidade dos dados e modelos na monitorização agrícola.

23. **Adaptação à variabilidade das práticas agrícolas**: Personalização de modelos CNN para acomodar diversas condições e práticas agrícolas.

24. **Refinamento iterativo e ciclos de feedback**: Melhoria contínua dos modelos com base em feedback e avaliações de desempenho.

25. **Camada convolucional**: O bloco de construção fundamental das CNNs que efectua a extração de caraterísticas da imagem.

26. **Camada de pooling**: Uma camada que reduz o tamanho espacial das caraterísticas envolvidas para diminuir a carga computacional e melhorar a deteção de caraterísticas.

27.	**Camada totalmente conectada (FC)**: As camadas que ligam todos os neurónios de uma camada a todos os neurónios da camada seguinte são normalmente utilizadas no final de uma CNN para efetuar previsões de classificação ou regressão.

28.	**Funções de ativação**: Funções como ReLU, Sigmoid e Tanh introduzem a não-linearidade nas CNNs, permitindo-lhes aprender padrões complexos.

29.	**Normalização de lote**: Uma técnica para normalizar as entradas de cada camada, ajudando a acelerar o treinamento e a melhorar a estabilidade das redes neurais.

30.	**Desistência**: Uma técnica de regularização para evitar o sobreajuste através da eliminação aleatória de unidades (neurónios) durante o treino.

31.	**Gradient Descent e Backpropagation**: Algoritmos fundamentais para treinar redes neurais, ajustando os pesos para minimizar a função de perda.

32.	**Funções de perda**: Funções que medem a diferença entre as saídas reais e previstas (por exemplo, perda de entropia cruzada, erro quadrático médio).

33.	**Algoritmos de otimização**: Métodos como SGD, Momentum e Adam minimizam a função de perda e melhoram a precisão do modelo.

34.	**Aprendizagem por transferência e afinação**: Técnicas para adaptar modelos pré-treinados a novas tarefas, poupando tempo e recursos.

35.	**Inovações arquitectónicas**: Desenvolvimentos como LeNet, AlexNet, VGGNet, ResNet e Inception fizeram avançar significativamente o domínio das CNN.

36.	**Mecanismos de atenção**: Técnicas que permitem que as CNNs se concentrem em partes específicas de uma imagem de entrada, melhorando a interpretabilidade e o desempenho do modelo.

37.	**Auto-atenção**: Uma forma de mecanismo de atenção que permite aos modelos pesar a importância de diferentes partes de entrada de forma diferente.

38.	**Pesquisa de Arquitetura Neural (NAS)**: Métodos automatizados para encontrar arquitecturas de rede óptimas.

39.	**Arquitecturas eficientes**: Projectos como o MobileNets e o EfficientNet equilibram a precisão e a eficiência computacional e são adequados para ambientes móveis ou com poucos recursos.

40.	**Redes de compressão e excitação**: Arquitecturas que recalibram de forma adaptativa as respostas das caraterísticas ao nível do canal para enfatizar as caraterísticas informativas.

Referências

Adam, A. (2001). A ética informática numa voz diferente. *Information and Organization, 11*(4), 235-261. https://doi.org/10.1016/S1471-7727(01)00006-9

Akoa, S. P., Onomo, P. E., Ndjaga, J. M., Ondobo, M. L., & Djocgoue, P. F. (2021). Impacto da origem genética do pólen na compatibilidade, caraterísticas agronómicas e qualidade físico-química dos grãos de cacau (Theobroma cacao L.). *Scientia Horticulturae, 287.* https://doi.org/10.1016/j.scienta.2021.110278

Alharbi, K., Cristea, A. I., Shi, L., Tymms, P., & Brown, C. (2021). Simulação de ambiente de sala de aula baseada em agente: O efeito do comportamento disruptivo dos alunos versus o controle do professor sobre os vizinhos. *Conferência Internacional sobre Inteligência Artificial na Educação*, 48-53.

Anantrasirichai, N., & Bull, D. (2022). Inteligência artificial nas indústrias criativas: uma revisão. *Artificial Intelligence Review, 55*(1), 589-656. https://doi.org/10.1007/s10462-021-10039-7

Anggraini, C. D., Putranto, A. W., Iqbal, Z., Firmanto, H., & Al Riza, D. F. (2021). Estudo preliminar sobre o desenvolvimento da medição do nível de fermentação dos grãos de cacau com base na visão computacional e inteligência artificial. *IOP Conference Series: Earth and Environmental Science, 924*(1). https://doi.org/10.1088/1755-1315/924/1/012019

Atianashie, M. (2023a). Deteção da "doença do rebento inchado do cacau" em árvores de cacau do Gana com base na rede neural convolucional (CNN) e na técnica de aprendizagem profunda. *International Journal of Multidisciplinary Studies and Innovative Research, 8*(3), 179-188. https://doi.org/10.53075/Ijmsirq/6588784634

Atianashie, M. (2023b). Deteção da "Cocoa Swollen Shoot Disease" em árvores de cacau do Gana com base na Rede Neural Convolucional (CNN) e na técnica de aprendizagem profunda. *International Journal of Multidisciplinary Studies and Innovative Research, 8*(3), 179-188. https://doi.org/10.53075/Ijmsirq/6588784634

Bahroun, Z., Anane, C., Ahmed, V., & Zacca, A. (2023). Transformando a educação: Uma Revisão Abrangente da Inteligência Artificial Generativa em Ambientes Educacionais por meio de Análise Bibliométrica e de Conteúdo. Em *Sustentabilidade (Suíça)* (Vol. 15, Edição 17). Multidisciplinary Digital Publishing Institute (MDPI). https://doi.org/10.3390/su151712983

Bargarai, F. A. M., Abdulazeez, A. M., Tiryaki, V. M., & Zeebaree, D. Q. (2020). Gerenciamento de sistemas de comunicação sem fio usando rádio definido por software baseado em inteligência artificial. *International Journal of Interactive Mobile Technologies, 14*(13), 107-133. https://doi.org/10.3991/ijim.v14i13.14211

Corsaro, D., Vargo, S. L., Hofacker, C., & Massara, F. (2022). Inteligência artificial e a formação do contexto empresarial. *Journal of Business Research, 145*, 210-214. https://doi.org/10.1016/j.jbusres.2022.02.072

da Silva, C. B., Silva, A. A. N., Barroso, G., Yamamoto, P. T., Arthur, V., Toledo, C. F. M., & Mastrangelo, T. de A. (2021). Redes neurais convolucionais utilizando radiografias melhoradas para deteção em tempo real de sitophilus zeamais em grãos de milho. *Alimentos, 10*(4). https://doi.org/10.3390/foods10040879

El Morabit, Y., Mrabti, F., & Abarkan, E. H. (2019). Levantamento de Abordagens de Inteligência Artificial em Redes de Rádio Cognitivo. *J. Lnf. Commun. Converg. Eng, 17*(1), 21-40. https://doi.org/10.6109/jicce.2019.17.1.21

Eric, O., Gyening, R. M. O. M., Appiah, O., Takyi, K., & Appiahene, P. (2023). Classificação de grãos de cacau usando técnicas aprimoradas de extração de recursos de imagem e um modelo de Rede Neural Artificial regularizado. *Aplicações de Engenharia de Inteligência Artificial, 125*. https://doi.org/10.1016/j.engappai.2023.106736

Evgeniou, T., & Pontil, M. (2001). Máquinas de vectores de suporte: Theory and applications. *Lecture Notes in Computer Science (Incluindo a subsérie Lecture Notes in Artificial Intelligence e Lecture Notes in Bioinformatics), 2049 LNAI*, 249-257. https://doi.org/10.1007/3-540-44673-7_12

Gil de Zúñiga, H., Scheffauer, R., & Zhang, B. (2023). Uso de notícias a cabo e teorias da conspiração: Exploring Fox News, CNN, and MSNBC Effects on People's Conspiracy Mentality. *Journalism and Mass Communication Quarterly*. https://doi.org/10.1177/10776990231171929

Gopaulchan, D., Motilal, L. A., Bekele, F. L., Clause, S., Ariko, J. O., Ejang, H. P., & Umaharan, P. (2019). Diversidade morfológica e genética do cacau (Theobroma cacao L.) no Uganda. *Fisiologia e Biologia Molecular de Plantas, 25*(2), 361-375. https://doi.org/10.1007/S12298-018-0632-2

Govindan, K. (2023). Desbloqueando o potencial da qualidade como uma estratégia de marketing central em produtos circulares remanufaturados: Uma perspetiva multiteórica habilitada para aprendizado de máquina. *International Journal of Production Economics*, 109123. https://doi.org/10.1016/j.ijpe.2023.109123

Granados, O., & Pinto, J. J. (2019). Más allá de pamplona (Nueva Granada): Circuitos cacaoteros del suroccidente durante la transición, 1790-1821. *Revista de Historia Economica - Journal of Iberian and Latin American Economic History*, *37*(3), 539-566. https://doi.org/10.1017/S0212610918000204

Haenlein, M., & Kaplan, A. (2019). Uma breve história da inteligência artificial: Sobre o passado, o presente e o futuro da inteligência artificial. *California Management Review*, *61*(4), 5-14. https://doi.org/10.1177/0008125619864925

Hartung, T. (2023). A inteligência artificial como a nova fronteira na avaliação de riscos químicos. *Frontiers in Artificial Intelligence*, *6*. https://doi.org/10.3389/frai.2023.1269932

Hausrao Thube, S., Thava Prakasa Pandian, R., Babu, M., Josephrajkumar, A., Mhatre, P. H., Santhosh Kumar, P., Nirmal Kumar, B. J., Hegde, V., & Namdeo Chavan, S. (2022). Avaliação de um isolado nativo de Metarhizium anisopliae (Metschn.) Sorokin TMBMA1 contra o mosquito do chá, Helopeltis theivora infestando cacau (Theobroma cacao L.). *Biological Control*, *170*. https://doi.org/10.1016/j.biocontrol.2022.104909

He, A., Bae, K. K., Newman, T. R., Gaeddert, J., Kim, K., Menon, R., Morales-Tirado, L., Neel, J., Zhao, Y., Reed, J. H., & Tranter, W. H. (2010). Uma pesquisa sobre inteligência artificial para rádios cognitivos. *IEEE Transactions on Vehicular Technology*, *59*(4), 1578-1592. https://doi.org/10.1109/TVT.2010.2043968

Huang, L., & Zheng, P. (2022). Criação de Design Visual Colaborativo Homem-Computador Assistido por Inteligência Artificial. *ACM Transactions on Asian and Low-Resource Language Information Processing*. https://doi.org/10.1145/3554735

Ireri, D., Belal, E., Okinda, C., Makange, N., & Ji, C. (2019). Um sistema de visão computacional para discriminação e classificação de defeitos em tomates usando aprendizado de máquina e processamento de imagens. *Inteligência Artificial na Agricultura*, *2*, 28-37. https://doi.org/10.1016/j.aiia.2019.06.001

Jovanović, A., Stevanović, A., Dobrota, N., & Teodorović, D. (2022). Controle de tráfego de rede baseado em ecologia: Uma abordagem de otimização de colônia de abelhas. *Aplicações de Engenharia de Inteligência Artificial*, *115*. https://doi.org/10.1016/j.engappai.2022.105262

Kaplan, A., & Haenlein, M. (2019). Siri, Siri, na minha mão: Quem é o mais justo da terra? Sobre as interpretações, ilustrações e implicações da inteligência artificial. *Business Horizons*, *62*(1), 15-25. https://doi.org/10.1016/j.bushor.2018.08.004

Kleizen, B., Van Dooren, W., Verhoest, K., & Tan, E. (2023). Os cidadãos confiam numa inteligência artificial fiável? Provas experimentais sobre os limites das medidas éticas de IA no governo. *Government Information Quarterly*, *40*(4). https://doi.org/10.1016/j.giq.2023.101834

Koko, L. K., Snoeck, D., Lekadou, T. T., & Assiri, A. A. (2013). Efeitos do consórcio cacau-árvore de fruto no rendimento do cacau, vigor da planta e interceção da luz na Costa do Marfim. *Agroforestry Systems*, *87*(5), 1043-1052. https://doi.org/10.1007/S10457-013-9619-8

Lamotte, M. De. (2020). Iluminismo, Inteligência Artificial e Sociedade. *IFAC-PapersOnLine*, *53*(2), 17427-17432. https://doi.org/10.1016/j.ifacol.2020.12.2110

Li, D., Wang, R., Xie, C., Liu, L., Zhang, J., Li, R., Wang, F., Zhou, M., & Liu, W. (2020). Um método de reconhecimento para deteção de vídeo de doenças e pragas de plantas de arroz com base em rede neural convolucional profunda. *Sensors (Suíça)*, *20*(3). https://doi.org/10.3390/s20030578

Li, Y., Wang, H., Dang, L. M., Sadeghi-Niaraki, A., & Moon, H. (2020). Reconhecimento de pragas de culturas em cenas naturais usando redes neurais convolucionais. *Computadores e Eletrónica na Agricultura*, *169*, 105174. https://doi.org/https://doi.org/10.1016/j.compag.2019.105174

López, M. E., Ramírez, O. A., Dubón, A., Ribeiro, T. H. C., Díaz, F. J., & Chalfun-Junior, A. (2021). A compatibilidade sexual em clones de cacau conduz a arranjos no campo que levam a um alto rendimento. *Scientia Horticulturae*, *287*. https://doi.org/10.1016/j.scienta.2021.110276

Lutz, C. (2019). Desigualdades digitais na era da inteligência artificial e do big data. *Comportamento Humano e Tecnologias Emergentes*, *1*(2), 141-148. https://doi.org/10.1002/hbe2.140

Martínez, J. M., & Pachón, E. M. (2021). Análise multivariada da adoção de tecnologias produtivas de cacau: Evidências de um estudo de caso na Colômbia. *Economia Agraria y Recursos Naturales*, *22*(1), 79-102. https://doi.org/10.7201/EARN.2021.01.04

Mazzone, M., & Elgammal, A. (2019). Arte, Criatividade e o Potencial da Inteligência Artificial. *Artes*, *8*(1), 26. https://doi.org/10.3390/arts8010026

Milagre, A. (2024). Melhorando a resiliência da cultura do cacau no Gana: a aplicação de redes neurais convolucionais para a deteção precoce de doenças e infestações de pragas. *Qeios*, 1-13. https://doi.org/10.32388/DPS5ZH

Mustak, M., Salminen, J., Plé, L., & Wirtz, J. (2021). Inteligência artificial em marketing: Modelagem de tópicos, análise cienciométrica e agenda de pesquisa. *Journal of Business Research*, *124*, 389-404. https://doi.org/10.1016/j.jbusres.2020.10.044

Najjar, R. (2023a). Redefinindo a radiologia: Uma revisão da integração da inteligência artificial em imagens médicas. In *Diagnostics* (Vol. 13, Issue 17). Multidisciplinary Digital Publishing Institute (MDPI). https://doi.org/10.3390/diagnostics13172760

Najjar, R. (2023b). Redefinindo a radiologia: Uma revisão da integração da inteligência artificial em imagens médicas. In *Diagnostics* (Vol. 13, Issue 17). Multidisciplinary Digital Publishing Institute (MDPI). https://doi.org/10.3390/diagnostics13172760

Najjar, R. (2023c). Redefinindo a radiologia: Uma revisão da integração da inteligência artificial em imagens médicas. In *Diagnostics* (Vol. 13, Issue 17). Multidisciplinary Digital Publishing Institute (MDPI). https://doi.org/10.3390/diagnostics13172760

Nayak, J., Vakula, K., Dinesh, P., Naik, B., & Pelusi, D. (2020). Processamento inteligente de alimentos: Viagem da rede neural artificial à aprendizagem profunda. *Computer Science Review*, *38*. https://doi.org/10.1016/j.cosrev.2020.100297

Nazir, F., Majeed, M. N., Ghazanfar, M. A., & Maqsood, M. (2019). Deteção de pronúncia incorreta usando recursos de rede neural convolucional profunda e modelo baseado em aprendizado de transferência para fonemas árabes. *IEEE Access*, *7*, 52589-52608. https://doi.org/10.1109/ACCESS.2019.2912648

Ofori, A., Padi, F. K., Acheampong, K., & Lowor, S. (2015). Variação genética e relação de caraterísticas relacionadas com a tolerância à seca no cacau (Theobroma cacao L.) em condições de sombra e sem sombra no Gana. *Euphytica*, *201*(3), 411-421. https://doi.org/10.1007/S10681-014-1228-8

Padi, F. K., Adu-Gyamfi, P., Akpertey, A., Arthur, A., & Ofori, A. (2013). Resposta diferencial de famílias de cacau (Theobroma cacao) ao stress de estabelecimento no campo. *Plant Breeding*, *132*(2), 229-236. https://doi.org/10.1111/PBR.12039

Padi, F. K., & Ofori, A. (2016). Pureza da semente de cacau e influência do genótipo no crescimento de mudas em condições de camponês-agricultor em Gana. *Journal of Crop Improvement*, *30*(5), 493-515. https://doi.org/10.1080/15427528.2016.1185487

Pesapane, F., Codari, M., & Sardanelli, F. (2018). Inteligência artificial na imagiologia médica: ameaça ou oportunidade? Radiologistas novamente na vanguarda da inovação em medicina. Em *European Radiology Experimental* (Vol. 2, Issue 1). Springer. https://doi.org/10.1186/s41747-018-0061-6

Rahman, C. R., Arko, P. S., Ali, M. E., Khan, M. A. I., Apon, S. H., Nowrin, F., & Wasif, A. (2018). *Identificação e reconhecimento de doenças e pragas do arroz usando redes neurais convolucionais.* https://doi.org/10.1016/j.biosystemseng.2020.03.020

Stahl, B. C., Brooks, L., Hatzakis, T., Santiago, N., & Wright, D. (2023). Explorando a ética e os direitos humanos na inteligência artificial - Um estudo Delphi. *Technological Forecasting and Social Change, 191.* https://doi.org/10.1016/j.techfore.2023.122502

Suthakaran, A., & Premaratne, S. (n.d.). Deteção da área afetada e classificação de pragas utilizando redes neurais convolucionais a partir de imagens de folhas. *International Journal of Computer Science Engineering (IJCSE), 9*(1).

Tavani, H. T. (2009). Privacidade informacional: Concepts, Theories, and Controversies [Conceitos, teorias e controvérsias]. *The Handbook of Information and Computer Ethics*, 131-164. https://doi.org/10.1002/9780470281819.CH6

Varley-Winter, O., & Shah, H. (2016). As oportunidades e a ética dos grandes volumes de dados: Prioridades práticas para um conselho nacional de ética dos dados. *Philosophical Transactions of the Royal Society A: Mathematical, Physical and Engineering Sciences, 374*(2083). https://doi.org/10.1098/RSTA.2016.0116

Wang, P. (2021). Pesquisa sobre a Aplicação de Inteligência Artificial no Desenvolvimento Inovador da Educação em Design de Comunicação Visual. *Jornal de Física: Conference Series, 1744*(3). https://doi.org/10.1088/1742-6596/1744/3/032196

Yao, M., Sohul, M., Marojevic, V., & Reed, J. H. (2019). *Redes de acesso por rádio 5G definidas por inteligência artificial.*

Yu, R., Luo, Y., Li, H., Yang, L., Huang, H., Yu, L., & Ren, L. (2021). Modelo de rede neural convolucional tridimensional para deteção precoce da doença da murcha do pinheiro usando imagens hiperespectrais baseadas em uav. *Sensoriamento Remoto, 13*(20). https://doi.org/10.3390/rs13204065

Zhang, Y., Yue, J., Song, A., Jia, S., & Li, Z. (2023). Um método de reconhecimento de marisco de alta similaridade baseado em rede neural convolucional. *Information Processing in Agriculture, 10*(2), 149-163. https://doi.org/10.1016/j.inpa.2022.05.009

Zirar, A., Ali, S. I., & Islam, N. (2023). Coexistência da Inteligência Artificial (IA) entre trabalhadores e locais de trabalho: Temas emergentes e agenda de investigação. *Technovation, 124.* https://doi.org/10.1016/j.technovation.2023.102747

Sobre o autor

Miracle A. Atianashie é um investigador, programador Web e engenheiro de software de renome. Reconhecido pela sua excelência académica, particularmente em Ciências da Computação e Educação, Miracle possui uma experiência profissional abrangente e diversificada. Os seus interesses de investigação são variados e impactantes, abrangendo áreas como a inteligência artificial, a informática, a tecnologia de saúde pública, a tecnologia agrícola, a informática empresarial, o jornalismo computacional, as redes neurais convolucionais (CNN) e a aprendizagem automática. Estes interesses sublinham o seu empenhamento na utilização da tecnologia para um bem maior. Miracle é um perito em aplicações informáticas. As suas contribuições substanciais para a sua área estão bem documentadas através de numerosos artigos académicos e livros em revistas e editores revistos por pares, e tem participado ativamente em várias conferências, workshops e hackathons. Também desenvolveu e implementou mais de 30 sítios Web e aplicações de software nos últimos dez anos. Como um profissional consumado, a dedicação e o entusiasmo de Miracle Atianashie pela investigação e educação em informática e disciplinas relacionadas transparecem em todos os aspectos do seu trabalho.

I want morebooks!

Buy your books fast and straightforward online - at one of world's fastest growing online book stores! Environmentally sound due to Print-on-Demand technologies.

Buy your books online at
www.morebooks.shop

Compre os seus livros mais rápido e diretamente na internet, em uma das livrarias on-line com o maior crescimento no mundo! Produção que protege o meio ambiente através das tecnologias de impressão sob demanda.

Compre os seus livros on-line em
www.morebooks.shop

FSC
www.fsc.org
MIX
Papier aus verantwortungsvollen Quellen
Paper from responsible sources
FSC® C105338